数学基礎コース＝S別巻2

大学で学ぶ
やさしい 線形代数

水田 義弘 著

サイエンス社

◆ Microsoft および Microsoft Excel は米国 Microsoft Corporation の米国およびその他の国における登録商標です．
◆ その他，本書に記載されている会社名，製品名は各社の商標または登録商標です．

サイエンス社のホームページのご案内
http://www.saiensu.co.jp
ご意見・ご要望は　rikei@saiensu.co.jp　まで．

まえがき

　線形代数学は，微分積分学とともに大学初年度で学ぶ数学の基本的な理論であり，自然科学や工学ばかりでなく情報科学や社会科学など幅広い分野で利用されている．

　線形代数学は行列や行列式に関する理論であるといっても過言ではない．行列は多くの数を同時に扱うための基本的な概念である．コンピュータの発達に伴って，大きな行列を扱うことが可能となっているが，計算量をできるだけ減らして計算に要する時間を短縮するための数学的理論が求められている．

　この本では，高校で学んだベクトルや複素数の概念を復習することによって，高校から大学への移行がスムーズに行えるよう配慮したが，その部分については学生の理解度を考慮して適切に省略することもできる．平面と違って，空間における直線や平面の幾何については慣れていない学生が多いと思われるので，数量的に理解ができるような題材に限定した．また，入学時の学生が線形代数学の考え方に徐々に慣れていけるように，やさしく理解できる内容からはじめるとともに，多くの例題やその演習問題を用意した．

　ギリシャ時代から 2000 年以上の歳月を経て，数学は大いに発展し学問的な蓄積は計り知れないものがある．日々蓄積される膨大な量の知識を次の世代の人々と共有するために数学の抽象化と一般化は避けて通れないが，一方で，多くの学生を数学の外に追いやる原因ともなりかねない．これを避けるために，コンピュータをうまく活用して，抽象的な概念の理解に役立てることも必要と考え，この本では，Excel を利用して，行列の演算や行列式の計算を行う方法を解説した．さらに，Mathematica などの数学ソフトを上手に使うことも可能であろう．

　この本の執筆中，サイエンス社の田島伸彦氏，鈴木綾子氏，同僚の二村俊英氏，さらに，大学院生の大野貴雄君，北浦啓次君にもたくさんの批評を頂いたことを感謝する．

2006 年 9 月

水　田　義　弘

目　次

第1章　平面ベクトル　　1

- 1.1　平面ベクトル 1
- 1.2　平面ベクトルの和 1
- 1.3　数とベクトルの積 2
- 1.4　ベクトルの成分表示 3
- 1.5　ベクトルの内積 4
- 1.6　直線のベクトル表示 6
- 発展問題 1 7

第2章　空間ベクトル　　8

- 2.1　空間ベクトル 8
- 2.2　空間ベクトルの成分表示 8
- 2.3　空間ベクトルの演算 9
- 2.4　空間ベクトルの内積 9
- 2.5　平面のベクトルの表示 11
- 2.6　直線の方程式 15
- 2.7　空間ベクトルの外積 17
- 発展問題 2 20

第3章　複　素　数　　21

- 3.1　複　素　数 21
- 3.2　複素数の演算 22
- 3.3　複素数の極形式 23
- 発展問題 3 26

第4章 行　　列 　　　　　　　　　　　　　　　　27

4.1 行　　列 27
4.2 行列の演算 29
4.3 行 列 の 積 33
4.4 行列の演算 35
4.5 行列の分割 41
発展問題 4 44

第5章　2次と3次の行列式 　　　　　　　　　　　　45

5.1 2次の連立1次方程式 45
5.2 2次の行列式の性質 49
5.3 3次の連立1次方程式 53
5.4 3次の行列式 57
5.5 クラメルの公式 65
発展問題 5 67

第6章　n次行列式 　　　　　　　　　　　　　　　68

6.1 n次行列式 68
6.2 順列と符号 79
6.3 余 因 子 83
6.4 行列の積の行列式 85
6.5 逆 行 列 87
発展問題 6 90

第7章　連立1次方程式の解法 　　　　　　　　　　93

7.1 連立1次方程式 93
7.2 掃き出し法による連立1次方程式の解法 95
7.3 クラメルの公式 100

- 7.4 連立1次方程式の分類 102
- 7.5 一次独立と一次従属 106
- 7.6 行列のランク 110
- 7.7 掃き出し法による逆行列の求め方 117
- 発展問題 7 119

第8章 線形写像 　　　　　　　　　　　　　121

- 8.1 集合と要素 121
- 8.2 写　像 123
- 8.3 部 分 空 間 124
- 8.4 基底と次元 128
- 8.5 線 形 写 像 130
- 8.6 線形写像の像と核 132
- 発展問題 8 135

第9章 行列の対角化 　　　　　　　　　　　136

- 9.1 固有値と固有ベクトル 136
- 9.2 固 有 空 間 143
- 9.3 直 交 行 列 149
- 9.4 実対称行列の対角化 153
- 9.5 ケーリー-ハミルトンの定理 161
- 発展問題 9 165

第10章　2 次 形 式　　　　　　　　　　　166

- 10.1 2変数の2次形式 166
- 10.2 3変数の2次形式 172
- 10.3 正値2次形式 179
- 発展問題 10 182

付録 184

- **A.1** Excel で行列計算 184
- **A.2** Excel で行列式 192
- **A.3** Excel で順列の符号 194
- **A.4** Excel で連立 1 次方程式 198
- **A.5** Excel で掃き出し法 201
- **A.6** Excel でグラム-シュミットの直交化法 203

索　引 206

問題の解答は演習書『詳解演習 線形代数』にあります．その他の解答はサイエンス社 HP 内のサポートページを参照してください．

第1章

平面ベクトル

1.1 平面ベクトル

平面上の 2 点 P から Q への向きをもった有向線分を考え，これをベクトルと呼び，$\overrightarrow{PQ}$ と表す．このとき，P をベクトルの**始点**，Q をベクトルの**終点**という．図のように，2 つのベクトル $\overrightarrow{PQ}, \overrightarrow{RS}$ の長さが等しく平行で向きが同じならば

$$\overrightarrow{PQ} = \overrightarrow{RS} \qquad (\text{ベクトルの相等})$$

と書く．

とくに，P = Q のとき，$\overrightarrow{PP}$ を零ベクトルといい，

$$\overrightarrow{PP} = \mathbf{0}$$

と表す．

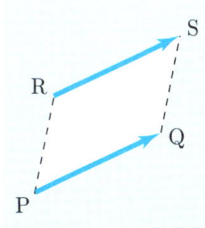

1.2 平面ベクトルの和

2 つのベクトル $\overrightarrow{PQ}, \overrightarrow{RS}$ に対して，

$$\overrightarrow{RS} = \overrightarrow{PS'}$$

となる点 S′ を考えて，PQ, PS′ で作られる平行四辺形のもう 1 つの頂点を T と表すとき，$\overrightarrow{PT}$ を $\overrightarrow{PQ}, \overrightarrow{RS}$ の和という（次のページ図）：

$$\overrightarrow{PT} = \overrightarrow{PQ} + \overrightarrow{RS} \qquad (\text{ベクトルの和})$$

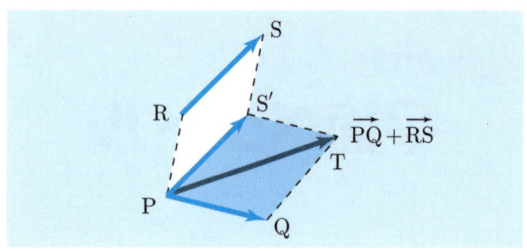

1.3 数とベクトルの積

実数 a とベクトル $\overrightarrow{PQ}$ に対して，積 $a\overrightarrow{PQ} = a \cdot \overrightarrow{PQ}$ を次のように定める：

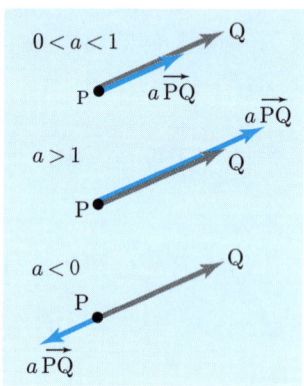

(i) $a = 0$ のとき，$0 \cdot \overrightarrow{PQ} = \mathbf{0}$
(ii) $a > 0$ のとき，P から Q の方向に線分 PQ を a 倍した点 R をとり，$a \cdot \overrightarrow{PQ} = \overrightarrow{PR}$
(iii) $a < 0$ のとき，P から (ii) と逆の方向に線分 PQ を $-a$ 倍した点 R をとり，$a \cdot \overrightarrow{PQ} = \overrightarrow{PR}$

$\overrightarrow{PQ} + (-1)\overrightarrow{RS}$ を単に

$$\overrightarrow{PQ} - \overrightarrow{RS} \qquad \text{(ベクトルの差)}$$

と表す．また，$a \cdot \overrightarrow{PQ}$ は単に $a\overrightarrow{PQ}$ と表される．

問題

1.1 図のような 2 つのベクトル $\overrightarrow{AB}$, $\overrightarrow{CD}$ について，次のベクトルを図示せよ．

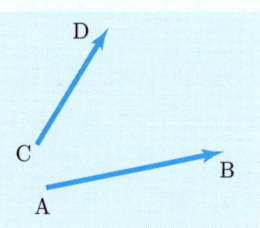

(1) $2\overrightarrow{AB}$
(2) $3\overrightarrow{CD}$
(3) $2\overrightarrow{AB} + 3\overrightarrow{CD}$
(4) $2\overrightarrow{AB} - 3\overrightarrow{CD}$

1.4 ベクトルの成分表示

ベクトル $\overrightarrow{PQ}$ に対して，点 P を通り x 軸に，点 Q を通り y 軸にそれぞれ平行な直線の交点を R として，有向線分 PR の長さを x，有向線分 RQ の長さを y とするとき，2 つの数の組 (x, y) を**ベクトルの成分表示**という．したがって，$\overrightarrow{PR}$ が x 軸の正の向きに一致すれば，$x > 0$，$\overrightarrow{PR}$ が x 軸の負の向きに一致すれば，$x < 0$ である．同様に，y の符号も定義される．

2 つのベクトル $\overrightarrow{PQ}$, $\overrightarrow{RS}$ の成分表示が次のように与えられている：

$$\overrightarrow{PQ} = (x_1, y_1), \quad \overrightarrow{RS} = (x_2, y_2)$$

このとき，ベクトルの和と実数 k との積について

$$\overrightarrow{PQ} + \overrightarrow{RS} = (x_1 + x_2, y_1 + y_2)$$
$$k\overrightarrow{PQ} = (kx_1, ky_1)$$

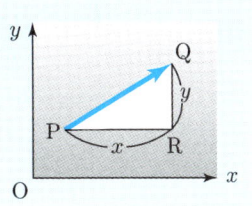

が成立する．

問題

1.2 下図左のように 2 つのベクトル $\overrightarrow{AB}$, $\overrightarrow{CD}$ が与えられているとき，それらのベクトルの成分表示を求めよ．

1.3 下図右のように 2 つの点 A, B が与えられているとき，次のベクトルの成分表示を求めよ．
(1) $\overrightarrow{OA}$ (2) $\overrightarrow{OB}$ (3) $2\overrightarrow{OA} + 3\overrightarrow{OB}$ (4) $2\overrightarrow{OA} - 3\overrightarrow{OB}$

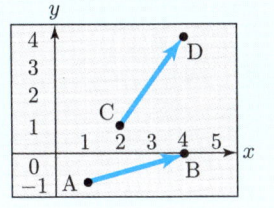 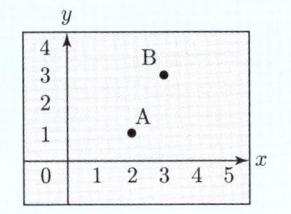

1.5 ベクトルの内積

ベクトル $\overrightarrow{PQ}$ において，線分 PQ の長さをベクトルの長さまたは**絶対値**といい，

$$|\overrightarrow{PQ}| = PQ \qquad \text{(ベクトルの長さ)}$$

と表す．

2 つのベクトル $\overrightarrow{PQ}, \overrightarrow{RS}$ のなす角を θ とするとき，これらのベクトルの**内積**は

$$\overrightarrow{PQ} \cdot \overrightarrow{RS} = |\overrightarrow{PQ}||\overrightarrow{RS}|\cos\theta \qquad \text{(ベクトルの内積)}$$

によって定義される．このとき，

$$\overrightarrow{PQ} \cdot \overrightarrow{RS} = \overrightarrow{RS} \cdot \overrightarrow{PQ} \qquad \text{(内積の交換可能性)}$$

ベクトル $\overrightarrow{PQ}$ の成分表示が (a, b) のとき，

$$|\overrightarrow{PQ}| = \sqrt{a^2 + b^2} \qquad \text{(ベクトルの長さの成分表示)}$$

が成立する．

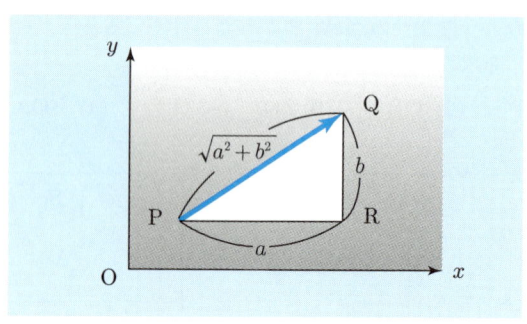

1.5 ベクトルの内積

例題 1.1 ─────内積の成分表示─

2つのベクトル $\overrightarrow{PQ} = (x_1, y_1)$, $\overrightarrow{RS} = (x_2, y_2)$ に対して

$$\overrightarrow{PQ} \cdot \overrightarrow{RS} = x_1 x_2 + y_1 y_2 \qquad (内積の成分表示)$$

が成立することを示せ.

解答 $\overrightarrow{RS} = \overrightarrow{PS'}$ となる点 S' をとり, $\triangle PQS'$ について第2余弦定理を適用すると

$$QS'^2 = PQ^2 + PS'^2 - 2\,PQ \cdot PS' \cos\theta$$

が成り立つ.

$$PQ \cdot PS' \cos\theta = \overrightarrow{PQ} \cdot \overrightarrow{PS'} = \overrightarrow{PQ} \cdot \overrightarrow{RS}$$

であるから,

$$\begin{aligned}
2\overrightarrow{PQ} \cdot \overrightarrow{RS} &= PQ^2 + PS'^2 - QS'^2 \\
&= (x_1^2 + y_1^2) + (x_2^2 + y_2^2) - \left\{(x_2 - x_1)^2 + (y_2 - y_1)^2\right\} \\
&= 2(x_1 x_2 + y_1 y_2)
\end{aligned}$$

これから求める等式が示される. □

問題

1.4 $\boldsymbol{a} = (1, 2)$, $\boldsymbol{b} = (3, 1)$ について次を求めよ.

(1) $|\boldsymbol{a}|$ (2) $|\boldsymbol{b}|$ (3) $\boldsymbol{a} \cdot \boldsymbol{b}$ (4) $\boldsymbol{a}$ と $\boldsymbol{b}$ のなす角

1.5 2つのベクトル $\boldsymbol{a}, \boldsymbol{b}$ について次を示せ.

(1) $|\boldsymbol{a}| = \sqrt{\boldsymbol{a} \cdot \boldsymbol{a}}$ (2) $|\boldsymbol{a} \cdot \boldsymbol{b}| \leqq |\boldsymbol{a}||\boldsymbol{b}|$

1.6 2つのベクトル $\boldsymbol{a}, \boldsymbol{b}$ について次を示せ.

(1) $|\boldsymbol{a} + \boldsymbol{b}|^2 = |\boldsymbol{a}|^2 + 2\boldsymbol{a} \cdot \boldsymbol{b} + |\boldsymbol{b}|^2$

(2) $\left|\dfrac{\boldsymbol{a} + \boldsymbol{b}}{2}\right|^2 + \left|\dfrac{\boldsymbol{a} - \boldsymbol{b}}{2}\right|^2 = \dfrac{|\boldsymbol{a}|^2 + |\boldsymbol{b}|^2}{2}$

1.6 直線のベクトル表示

直線 L 上に点 A と L に平行なベクトル $\boldsymbol{a}$ が与えられている．$\overrightarrow{OA} = \boldsymbol{p}_0$ とおくと，L 上の点 P は，実数 t を用いて，

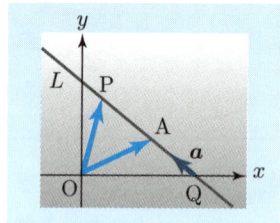

$$\overrightarrow{OP} = \boldsymbol{p}_0 + t\boldsymbol{a} \quad (\text{直線のベクトル表示})$$

と表される．ここに，O は原点を表す．$\boldsymbol{p}_0 = (x_0, y_0)$，$\boldsymbol{a} = (a, b)$，P$(x, y)$ とおくと

$$\begin{cases} x = x_0 + at \\ y = y_0 + bt \end{cases} \quad (\text{直線のパラメータ表示})$$

例題 1.2 ────────── 直線のベクトル表示

(1) $\boldsymbol{a} = (2, -3), \boldsymbol{b} = (-1, 2)$ のとき，$|\boldsymbol{a} + t\boldsymbol{b}|^2$ を最小にする t を求めよ．

(2) $|\boldsymbol{a} + t\boldsymbol{b}|^2$ を最小にする t を t_0 とするとき，$\boldsymbol{a} + t_0\boldsymbol{b}$ と $\boldsymbol{b}$ は直交することを示せ．

解答 (1) $y = |\boldsymbol{a} + t\boldsymbol{b}|^2 = (-t + 2)^2 + (2t - 3)^2 = 5t^2 - 16t + 13 = 5\left(t - \dfrac{8}{5}\right)^2 + \dfrac{1}{5}$ より，$t = \dfrac{8}{5}$ のとき最小値 $\dfrac{1}{5}$ をとる．

(2) $y = |\boldsymbol{a} + t\boldsymbol{b}|^2 = t^2|\boldsymbol{b}|^2 + 2t\boldsymbol{a} \cdot \boldsymbol{b} + |\boldsymbol{a}|^2$．これを $At^2 + 2Bt + C$ と表すと，

$$y = A\left(t + \dfrac{B}{A}\right)^2 + C - \dfrac{B^2}{A}$$

に注意すると，y は $t = -B/A$ のとき最小である．このとき，最小値は

$$\boldsymbol{b} \cdot \left(\boldsymbol{a} - \dfrac{B}{A}\boldsymbol{b}\right) = \boldsymbol{b} \cdot \boldsymbol{a} - \dfrac{B}{A}\boldsymbol{b} \cdot \boldsymbol{b} = B - B = 0 \qquad \square$$

問題

1.7 点 $P_0(1, 2)$ を通りベクトル $\boldsymbol{b} = (-1, 3)$ に平行な直線に原点から下ろした垂線 OH の長さを求めよ．

発展問題 1

1 2点 A, B を $m:n$ に内分する点を P とするとき，
$$\overrightarrow{OP} = \frac{n}{m+n}\overrightarrow{OA} + \frac{m}{m+n}\overrightarrow{OB}$$
を示せ．

2 三角形 ABC の内部または周上の点 P は
$$\overrightarrow{OP} = l\overrightarrow{OA} + m\overrightarrow{OB} + n\overrightarrow{OC}, \quad l \geq 0, m \geq 0, n \geq 0, l+m+n = 1$$
と表されることを示せ．

3 三角形 ABC に対して，
$$\overrightarrow{OP} = l\overrightarrow{OA} + m\overrightarrow{OB}, \quad l \geq 0, m \geq 0, 2l + 3m \leq 4$$
と表される点 P が存在する範囲を図示せよ．

4 三角形 ABC に対して，
$$\overrightarrow{PA} + \overrightarrow{PB} + \overrightarrow{PC} = \mathbf{0}$$
と表される点 P を考える．

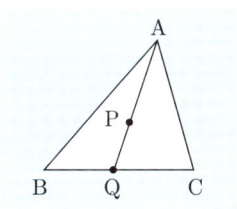

(1) AP の延長線と BC の交点を Q とするとき，BQ : QC の比を求めよ．
(2) AP : PQ の比を求めよ．

5 $\mathbf{a} = (2,3), \mathbf{b} = (3,t)$ とするとき，
(1) $\mathbf{a} + \mathbf{b}$ と $\mathbf{a} - \mathbf{b}$ が平行となるように t を定めよ．
(2) $\mathbf{a} + \mathbf{b}$ と $\mathbf{a} - \mathbf{b}$ が垂直となるように t を定めよ．

6 $A(x_1, y_1), B(x_2, y_2), C(x_3, y_3)$ を頂点とする三角形の面積は
$$\frac{1}{2}\left|(x_2 - x_1)(y_3 - y_1) - (x_3 - x_1)(y_2 - y_1)\right|$$
で与えられることを示せ．

第2章

空間ベクトル

2.1 空間ベクトル

空間内の 2 点 P から Q への向きをもった有向線分を考え，これを **空間ベクトル** または単にベクトルと呼び，$\overrightarrow{\mathrm{PQ}}$ と表す．このとき，P をベクトルの **始点**，Q をベクトルの **終点** という．

2.2 空間ベクトルの成分表示

x 軸上の単位ベクトル $e_1 = (1,0,0)$，y 軸上の単位ベクトル $e_2 = (0,1,0)$，z 軸上の単位ベクトル $e_3 = (0,0,1)$ を考える．$\overrightarrow{\mathrm{PQ}} = \overrightarrow{\mathrm{OR}}$ とし R(x,y,z) とすると

$$\overrightarrow{\mathrm{PQ}} = x e_1 + y e_2 + z e_3$$

と表すことができる．このとき，3 つの実数の組 (x,y,z) を $\overrightarrow{\mathrm{PQ}}$ の **成分表示** といい，

$$\overrightarrow{\mathrm{PQ}} = x e_1 + y e_2 + z e_3 = (x,y,z)$$

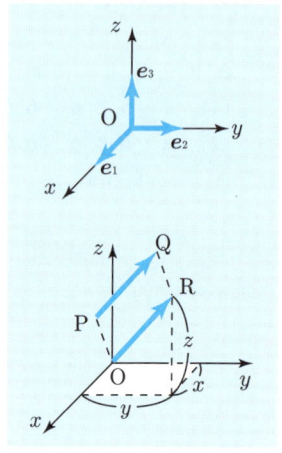

と表す．とくに，

$$x = y = z = 0$$

のとき，**零ベクトル** といい，それを $\mathbf{0}$ で表す．

2.3 空間ベクトルの演算

2つの空間ベクトル $\overrightarrow{PQ} = (x_1, y_1, z_1)$, $\overrightarrow{RS} = (x_2, y_2, z_2)$ と実数 k に対して，ベクトルの和と数との積は次のように与えられる：

$$\overrightarrow{PQ} + \overrightarrow{RS} = (x_1 + x_2, y_1 + y_2, z_1 + z_2) \quad \text{(ベクトルの和)}$$
$$k \cdot \overrightarrow{PQ} = (kx_1, ky_1, kz_1) \quad \text{(数とベクトルの積)}$$

$(-1) \cdot \overrightarrow{PQ}$ は $-\overrightarrow{PQ}$ と表される．また，$k \cdot \overrightarrow{PQ}$ は単に $k\overrightarrow{PQ}$ と表される．

問題

2.1 ベクトル $\overrightarrow{AB} = (1, 2, 3)$, $\overrightarrow{CD} = (2, 3, 4)$ について，次のベクトルの成分を求めよ．
(1) $3\overrightarrow{AB}$ (2) $2\overrightarrow{CD}$ (3) $3\overrightarrow{AB} + 2\overrightarrow{CD}$ (4) $3\overrightarrow{AB} - 2\overrightarrow{CD}$

2.4 空間ベクトルの内積

空間ベクトル $\overrightarrow{PQ} = (x, y, z)$ において，線分 PQ の長さをベクトルの長さまたは**絶対値**といい，$\left|\overrightarrow{PQ}\right|$ で表す．このとき，

$$\left|\overrightarrow{PQ}\right| = PQ = \sqrt{x^2 + y^2 + z^2} \quad \text{(空間ベクトルの長さ)}$$

2つのベクトル $\overrightarrow{PQ}$, $\overrightarrow{RS}$ のなす角を θ とするとき，これらのベクトルの**内積**は次のように定義される．

$$\overrightarrow{PQ} \cdot \overrightarrow{RS} = \left|\overrightarrow{PQ}\right|\left|\overrightarrow{RS}\right|\cos\theta \quad \text{(空間ベクトルの内積)}$$

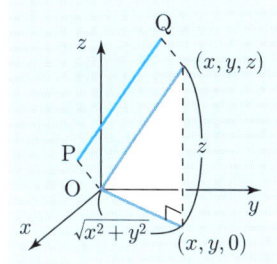

第2章 空間ベクトル

例題 2.1 ─────内積の成分表示─

2つのベクトル $\overrightarrow{PQ} = (x_1, y_1, z_1)$, $\overrightarrow{RS} = (x_2, y_2, z_2)$ に対して

$$\overrightarrow{PQ} \cdot \overrightarrow{RS} = x_1 x_2 + y_1 y_2 + z_1 z_2 \qquad \text{(内積の成分表示)}$$

が成立することを示せ.

解答 $\overrightarrow{RS} = \overrightarrow{PS'}$ となる点 S' をとると,第2余弦定理から

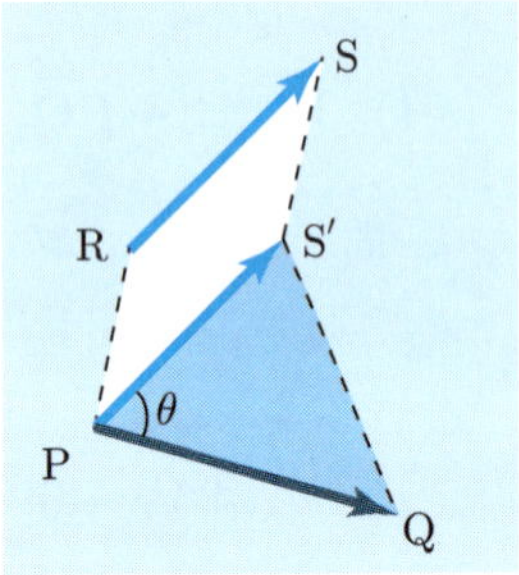

$$QS'^2 = PQ^2 + PS'^2 - 2\,PQ \cdot PS' \cos\theta$$

が成り立つ.

$$PQ \cdot PS' \cos\theta = \overrightarrow{PQ} \cdot \overrightarrow{PS'} = \overrightarrow{PQ} \cdot \overrightarrow{RS}$$

であるから,

$$\begin{aligned}
2\overrightarrow{PQ} \cdot \overrightarrow{RS} &= PQ^2 + PS'^2 - QS'^2 \\
&= (x_1^2 + y_1^2 + z_1^2) + (x_2^2 + y_2^2 + z_2^2) \\
&\quad - \left\{ (x_2 - x_1)^2 + (y_2 - y_1)^2 + (z_2 - z_1)^2 \right\} \\
&= 2(x_1 x_2 + y_1 y_2 + z_1 z_2)
\end{aligned}$$

これから求める等式が示される. □

問 題

2.2 $\boldsymbol{a} = (1, 0, 1)$, $\boldsymbol{b} = (1, 2, 2)$ について次を求めよ.
  (1) $|\boldsymbol{a}|$ (2) $|\boldsymbol{b}|$ (3) $\boldsymbol{a} \cdot \boldsymbol{b}$ (4) $\boldsymbol{a}$ と $\boldsymbol{b}$ のなす角

2.3 2つのベクトル $\boldsymbol{a}$, $\boldsymbol{b}$ について次を示せ.
  (1) $|\boldsymbol{a}| = \sqrt{\boldsymbol{a} \cdot \boldsymbol{a}}$
  (2) $|\boldsymbol{a} \cdot \boldsymbol{b}| \leqq |\boldsymbol{a}||\boldsymbol{b}|$

2.5 平面のベクトルの表示

一直線上にない 3 点 A, B, C が作る平面を π とする．この平面上の点 P について，2 つの実数 s, t を用いて

$$\overrightarrow{AP} = s\overrightarrow{AB} + t\overrightarrow{AC}$$

と表すことができる．ここで，

$$\overrightarrow{AP} = \overrightarrow{OP} - \overrightarrow{OA}$$

に注意すれば，

$$\overrightarrow{OP} = \overrightarrow{OA} + s\overrightarrow{AB} + t\overrightarrow{AC} \qquad \text{(平面のベクトル表示)}$$

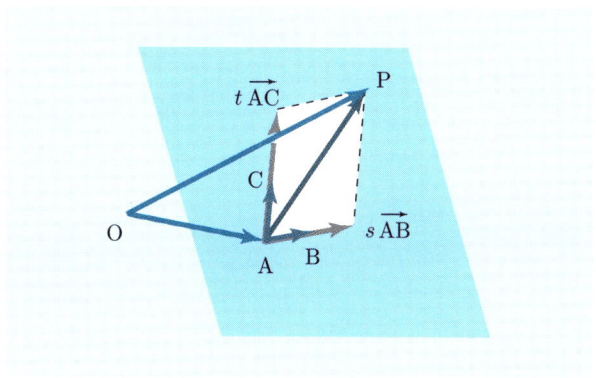

ここで，P(x, y, z), A(x_0, y_0, z_0), $\overrightarrow{AB} = (a_1, b_1, c_1)$, $\overrightarrow{AC} = (a_2, b_2, c_2)$ として，s, t を消去すれば，

$$ax + by + cz + d = 0 \qquad \text{(平面の方程式)}$$

という形の式が示される．この式は x, y, z の 1 次式で平面の方程式と呼ばれる．

> **例題 2.2** ─────平面の方程式
>
> 3点 A(1,0,0), B(0,1,0), C(0,0,1) が作る平面上の点 P(x,y,z) について, x, y, z が満たす式を求めよ.

解答

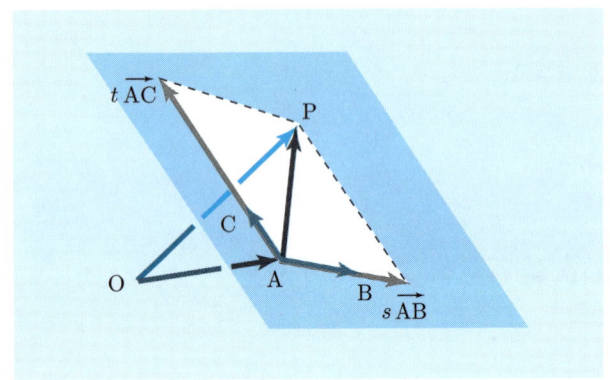

平面上の点 P(x,y,z) は, 2つの実数 s, t を用いて

$$\overrightarrow{OP} = \overrightarrow{OA} + s\overrightarrow{AB} + t\overrightarrow{AC}$$
$$= (1,0,0) + s(0-1, 1-0, 0-0) + t(0-1, 0-0, 1-0)$$

と表すことができる. 成分を比較すると

$$x = 1 - s - t, \quad y = s, \quad z = t$$

s, t を消去すると

$$x = 1 - y - z$$

したがって,

$$x + y + z - 1 = 0$$

──── 問 題 ────

2.4 3点 A(1,1,0), B(1,0,1), C(0,1,1) が作る平面上の点 P(x,y,z) について, x, y, z が満たす式を求めよ.

2.5 平面のベクトルの表示

原点を含まない平面 $\pi : ax + by + cz + d = 0$ に原点から垂線 OH を下ろす．平面上の点 $P(x, y, z)$ に対して，OH $\perp$ HP であるから

$$\overrightarrow{OH} \cdot \overrightarrow{HP} = 0$$

ここで，$\overrightarrow{HP} = \overrightarrow{OP} - \overrightarrow{OH}$ だから

$$\overrightarrow{OH} \cdot \overrightarrow{OP} = \left|\overrightarrow{OH}\right|^2 \qquad \text{(平面のベクトル表示)}$$

よって，$\overrightarrow{OH} = (p, q, r)$ とおくと，

$$px + qy + rz = p^2 + q^2 + r^2$$

平面 π の方程式と比べると，

$$\frac{p}{p^2 + q^2 + r^2} = \frac{a}{-d}, \quad \frac{q}{p^2 + q^2 + r^2} = \frac{b}{-d}, \quad \frac{r}{p^2 + q^2 + r^2} = \frac{c}{-d}$$

であるから，$p : q : r = a : b : c$．よって $(p, q, r) \parallel (a, b, c)$（平行）であることがわかる．そこで，単位ベクトル

$$\boldsymbol{n} = \left(\frac{a}{\sqrt{a^2 + b^2 + c^2}},\ \frac{b}{\sqrt{a^2 + b^2 + c^2}},\ \frac{c}{\sqrt{a^2 + b^2 + c^2}} \right)$$

を平面 π の法線ベクトルという．また，

$$OH = \sqrt{p^2 + q^2 + r^2} = \frac{|d|}{\sqrt{a^2 + b^2 + c^2}} \qquad \text{(垂線の長さ)}$$

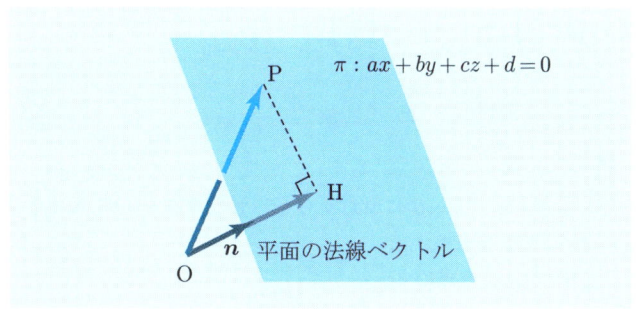

例題 2.3 ―――― 垂線の長さ

平面 $x+y+z-1=0$ に原点から下ろした垂線を OH とする.
(1) H の座標を求めよ.
(2) OH の長さを求めよ.

解答 (1) 平面上の点 $\mathrm{P}(x,y,z)$ と $\mathrm{H}(a,b,c)$ について

$$\left|\overrightarrow{\mathrm{OH}}\right|^2 = (a,b,c)\cdot(x,y,z) = \left|(a,b,c)\right|^2 = a^2+b^2+c^2$$

すなわち,

$$ax+by+cz = a^2+b^2+c^2$$

よって,

$$\frac{a}{a^2+b^2+c^2}x + \frac{b}{a^2+b^2+c^2}y + \frac{c}{a^2+b^2+c^2}z = 1$$

$\mathrm{P}(x,y,z)$ は $x+y+z=1$ を満たすので係数を比較すると

$$\frac{a}{a^2+b^2+c^2}=1, \quad \frac{b}{a^2+b^2+c^2}=1, \quad \frac{c}{a^2+b^2+c^2}=1$$

これらを 2 乗して加えると $a^2+b^2+c^2 = \dfrac{1}{3}$ となる. よって,

$$a=b=c=\frac{1}{3}$$

したがって, $\mathrm{H}\left(\dfrac{1}{3},\dfrac{1}{3},\dfrac{1}{3}\right)$.

(2) $\mathrm{OH} = \sqrt{\left(\dfrac{1}{3}\right)^2+\left(\dfrac{1}{3}\right)^2+\left(\dfrac{1}{3}\right)^2} = \dfrac{1}{\sqrt{3}}.$ □

問題

2.5 平面 $x+y+z-2=0$ に原点から下ろした垂線を OH とする.
(1) H の座標を求めよ.
(2) OH の長さを求めよ.

2.6 直線の方程式

点 P_0 を通りベクトル $\boldsymbol{a}$ に平行である直線 l 上の任意の点を $P(x, y, z)$ とすると，

$$\overrightarrow{OP} = \overrightarrow{OP_0} + \overrightarrow{P_0P} = \overrightarrow{OP_0} + t\boldsymbol{a}$$

と表すことができる．これを t をパラメータとする**直線 l のベクトル表示**という．

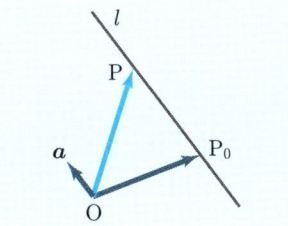

$P_0(x_0, y_0, z_0)$, $\boldsymbol{a} = (a, b, c)$ として，成分で書き換えると

$$\begin{cases} x = x_0 + at \\ y = y_0 + bt \\ z = z_0 + ct \end{cases} \quad \text{(直線のパラメータ表示)}$$

ここで，t を消去すると

$$\frac{x - x_0}{a} = \frac{y - y_0}{b} = \frac{z - z_0}{c} \quad \text{(直線の方程式)}$$

ここに，分母が 0 であれば，分子も 0 と約束する．例えば，z 軸上の点 (x, y, z) は $x = 0, y = 0$ を満たすので，z 軸は

$$\frac{x}{0} = \frac{y}{0} = \frac{z}{1}$$

と表される．この直線は点 (x_0, y_0, z_0) を通り平面

$$ax + by + cz + d = 0$$

に垂直である．

例題 2.4 ─ 直線の方程式

点 $A(1,1,1)$, $B(2,3,4)$ を通る直線を l とする．
(1) 直線 l の方程式を求めよ．
(2) 直線上の点 $P(x,y,z)$ に対して OP^2 の最小値を求めよ．

解答 (1) $\boldsymbol{a} = \overrightarrow{AB} = (2,3,4) - (1,1,1) = (1,2,3)$ で，点 $A(1,1,1)$ を通るから

$$\frac{x-1}{1} = \frac{y-1}{2} = \frac{z-1}{3}$$

(2) $\dfrac{x-1}{1} = \dfrac{y-1}{2} = \dfrac{z-1}{3} = t$ とおくと，
$$x = 1+t, \quad y = 1+2t, \quad z = 1+3t$$

よって，
$$\begin{aligned}
OP^2 &= x^2 + y^2 + z^2 \\
&= (1+t)^2 + (1+2t)^2 + (1+3t)^2 \\
&= 3 + 12t + 14t^2 \\
&= 14\left(t + \frac{3}{7}\right)^2 + 3 - 14\left(\frac{3}{7}\right)^2 \\
&= 14\left(t + \frac{3}{7}\right)^2 + \frac{3}{7}
\end{aligned}$$

したがって，$t = -\dfrac{3}{7}$ のとき，最小値 $\dfrac{3}{7}$ をとる．

注意 直線 l に垂直で原点を通る平面の方程式は
$$1 \cdot x + 2 \cdot y + 3 \cdot z = 0$$
求める最小値は，この平面と直線 l の交点 H で与えられる．

問題

2.6 (1) 点 $A(1,1,1)$ を通り平面 $x+2y+3z=1$ に垂直な直線の方程式を求めよ．
(2) 点 $A(1,1,1)$ から平面 $x+2y+3z=1$ に下ろした垂線の長さを求めよ．

2.7 空間ベクトルの外積

空間ベクトル $x = (x_1, x_2, x_3)$ と $y = (y_1, y_2, y_3)$ の外積を

$$x \times y = (x_2 y_3 - x_3 y_2, -x_1 y_3 + x_3 y_1, x_1 y_2 - x_2 y_1)$$

で定める．このとき，

$$x \times y = -y \times x$$
$$x \times x = 0$$

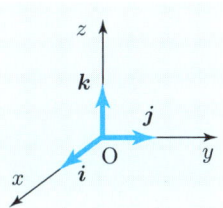

が示される．

ここで，$i = (1, 0, 0), j = (0, 1, 0), k = (0, 0, 1)$ とすると

$$i \times i = (1,0,0) \times (1,0,0) = (0,0,0) = \mathbf{0}$$
$$i \times j = (1,0,0) \times (0,1,0) = (0,0,1) = k$$
$$i \times k = (1,0,0) \times (0,0,1) = (0,-1,0) = -j$$
$$j \times i = (0,1,0) \times (1,0,0) = (0,0,-1) = -k$$
$$j \times j = (0,1,0) \times (0,1,0) = (0,0,0) = \mathbf{0}$$
$$j \times k = (0,1,0) \times (0,0,1) = (1,0,0) = i$$
$$k \times i = (0,0,1) \times (1,0,0) = (0,1,0) = j$$
$$k \times j = (0,0,1) \times (0,1,0) = (-1,0,0) = -i$$
$$k \times k = (0,0,1) \times (0,0,1) = (0,0,0) = \mathbf{0}$$

が示される．

ところで

$$(x \times y) \cdot x = x_1(x_2 y_3 - x_3 y_2) + x_2(-x_1 y_3 + x_3 y_1) + x_3(x_1 y_2 - x_2 y_1)$$
$$= x_1 x_2 y_3 - x_1 x_3 y_2 - x_2 x_1 y_3 + x_2 x_3 y_1 + x_3 x_1 y_2 - x_3 x_2 y_1 = 0$$
$$(x \times y) \cdot y = y_1(x_2 y_3 - x_3 y_2) + y_2(-x_1 y_3 + x_3 y_1) + y_3(x_1 y_2 - x_2 y_1) = 0$$

であるから，$x \times y$ は x, y と直交する．

例題 2.5 ──────────────────────────── 外積 ─

空間ベクトル $\boldsymbol{x}, \boldsymbol{y}$ が作る平行四辺形の面積を S とすると

$$S = |\boldsymbol{x} \times \boldsymbol{y}|$$

を示せ．

解答 $\boldsymbol{x}, \boldsymbol{y}$ のなす角を θ とすると

$$S = |\boldsymbol{x}||\boldsymbol{y}|\sin\theta$$

内積の定義 (p.9) から

$$|\boldsymbol{x}||\boldsymbol{y}|\cos\theta = \boldsymbol{x}\cdot\boldsymbol{y} = x_1 y_1 + x_2 y_2 + x_3 y_3$$

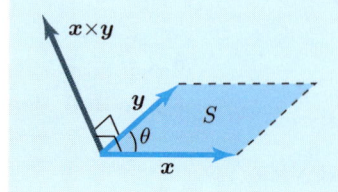

したがって，

$$\begin{aligned}
S &= |\boldsymbol{x}||\boldsymbol{y}|\sin\theta \\
&= |\boldsymbol{x}||\boldsymbol{y}|\sqrt{1-\cos^2\theta} \\
&= \sqrt{|\boldsymbol{x}|^2|\boldsymbol{y}|^2 - (|\boldsymbol{x}||\boldsymbol{y}|\cos\theta)^2} \\
&= \sqrt{|\boldsymbol{x}|^2|\boldsymbol{y}|^2 - (\boldsymbol{x}\cdot\boldsymbol{y})^2} \\
&= \sqrt{(x_1^2+x_2^2+x_3^2)(y_1^2+y_2^2+y_3^2) - (x_1 y_1+x_2 y_2+x_3 y_3)^2} \\
&= \sqrt{(x_1 y_2 - x_2 y_1)^2 + (x_2 y_3 - x_3 y_2)^2 + (x_3 y_1 - x_1 y_3)^2} \\
&= |\boldsymbol{x}\times\boldsymbol{y}|
\end{aligned}$$

となり，求める等式が示された． □

問題

2.7 点 A$(1,1,1)$, B$(2,3,4)$ に対して，
(1) $|\overrightarrow{\mathrm{OA}}|$ (2) $|\overrightarrow{\mathrm{OB}}|$
(3) $\overrightarrow{\mathrm{OA}} \times \overrightarrow{\mathrm{OB}}$
(4) $\overrightarrow{\mathrm{OA}}, \overrightarrow{\mathrm{OB}}$ で作られる平行四辺形の面積を求めよ．

2.7 空間ベクトルの外積

例題 2.6 ─────────────── 平行六面体の体積 ─

原点 O と点 $A(a_1, a_2, a_3)$, $B(b_1, b_2, b_3)$, $C(c_1, c_2, c_3)$ が作る平行六面体の体積を V とすると,

$$V = \left|(a_2b_3 - a_3b_2)c_1 - (a_1b_3 - a_3b_1)c_2 + (a_1b_2 - a_2b_1)c_3\right|$$

であることを示せ.

解答 三角形 OAB が作る平面と $\overrightarrow{OC}$ のなす角を θ, OA, OB が作る平行四辺形の面積を S とすると

$$V = S\left|\overrightarrow{OC}\right|\sin\theta$$

例題 2.5 から

$$S = \left|\overrightarrow{OA} \times \overrightarrow{OB}\right|$$

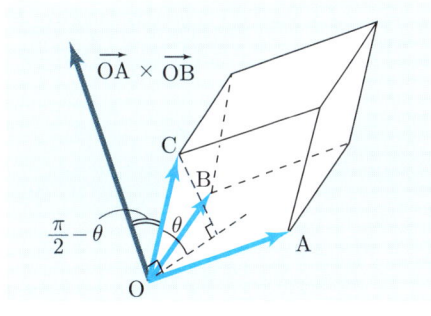

$\overrightarrow{OA} \times \overrightarrow{OB}$ は $\overrightarrow{OA}$, $\overrightarrow{OB}$ と直交するので, $\overrightarrow{OA} \times \overrightarrow{OB}$ は平面 OAB と直交する. よって, $\overrightarrow{OA} \times \overrightarrow{OB}$ と $\overrightarrow{OC}$ のなす角は $\dfrac{\pi}{2} - \theta$ である. したがって, 内積の定義から

$$\begin{aligned}
V &= S\left|\overrightarrow{OC}\right|\sin\theta \\
&= \left|(\overrightarrow{OA} \times \overrightarrow{OB}) \cdot \overrightarrow{OC}\right| \\
&= \left|(a_2b_3 - a_3b_2)c_1 + (-a_1b_3 + a_3b_1)c_2 + (a_1b_2 - a_2b_1)c_3\right|
\end{aligned}$$

これから求める等式が示される. □

問題

2.8 原点 O と点 $A(1,1,1)$, $B(2,3,4)$, $C(3,4,6)$ に対して,
(1) $\overrightarrow{OA} \times \overrightarrow{OB}$
(2) O, A, B, C で作られる平行六面体の体積を求めよ.

発展問題 2

1. 空間ベクトル a, b, c について，次を示せ．
   (1) $(a-b) \times (a+b) = 2(a \times b)$
   (2) $a+b+c=0$ ならば，
   $$a \times b = b \times c = c \times a$$
   (3) $a \times b + b \times c + c \times a = 0$ ならば，a, b, c の終点は同一直線上にある．

2. 次の等式を示せ．
   (1) $a \times (b \times c) = (a \cdot c)b - (a \cdot b)c$
   (2) $a \times (b \times c) + b \times (c \times a) + c \times (a \times b) = 0$

3. 2つの平面 $ax+by+cz+d_1=0$, $ax+by+cz+d_2=0$ の間の距離を求めよ．

4. 三角錐 O-ABC の内部または表面上の点 P は
   $$\overrightarrow{OP} = l\overrightarrow{OA} + m\overrightarrow{OB} + n\overrightarrow{OC}, \quad l \geqq 0, m \geqq 0, n \geqq 0, l+m+n \leqq 1$$
   と表されることを示せ．

5. 三角錐 O-ABC に対して，
   $$\frac{3}{2}\overrightarrow{OP} = \overrightarrow{PA} + \overrightarrow{PB} + \overrightarrow{PC}$$
   と表される点 P を考える．
   (1) OP の延長線と三角形 ABC の交点を Q とするとき，$\overrightarrow{OQ}$ を求めよ．
   (2) OP : PQ の比を求めよ．

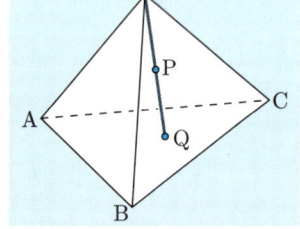

6. $x_0 = (1,0,0), a = (1,1,1), b = (1,-1,2)$ に対して，
   $$|x_0 + sa + tb|^2$$
   を最小にする s, t を s_0, t_0 とする．
   (1) s_0, t_0 を求めよ．
   (2) ベクトル $x_0 + s_0 a + t_0 b$ は a, b と直交することを示せ．

第3章

複素数

3.1 複素数

平方すると -1 となるような数を考えて,i と書き,これを**虚数単位**と呼ぶ:すなわち,

$$i^2 = -1$$

2つの実数 a, b に対して,$\boldsymbol{a+bi}$ の形の数を**複素数**という.とくに,$b = 0$ のとき,$a + 0i = a$ は実数である.$b \neq 0$ のとき,$a + bi$ は**虚数**という.2つの複素数 $a + bi$,$c + di$ について

$$a + bi = c + di \iff a = c, \ b = d \qquad \text{(複素数の相等)}$$

とくに,

$$a + bi = 0 \iff a = 0, \ b = 0$$

例題 3.1 ───────────────── 複素数の相等 ─

次の等式を満足する実数 a, b を求めよ.
$$(a+b) + (a+2b)i = 2 + 3i$$

解答 $(a+b)$,$(a+2b)$ は実数であるから
$$\begin{cases} a + b = 2 & \cdots\cdots ① \\ a + 2b = 3 & \cdots\cdots ② \end{cases}$$
② $-$ ① から,$b = 1$.これを ① に代入して $a = 1$.したがって,$a = b = 1$. □

3.2 複素数の演算

2つの複素数 $z = a+bi, w = c+di$ に対して，和，差，積を

$$z + w = (a+bi) + (c+di) = (a+c) + (b+d)i \quad \text{(複素数の和)}$$

$$z - w = (a+bi) - (c+di) = (a-c) + (b-d)i \quad \text{(複素数の差)}$$

$$zw = (a+bi)(c+di) = (ac-bd) + (bc+ad)i \quad \text{(複素数の積)}$$

と定める．さらに，$z \neq 0$ のとき，商を

$$\frac{w}{z} = \frac{c+di}{a+bi} = \frac{(c+di)(a-bi)}{(a+bi)(a-bi)} = \frac{(ac+bd) + (ad-bc)i}{a^2+b^2} \quad \text{(複素数の商)}$$

と定める．

例題 3.2 ─────────────── 複素数の演算 ─

複素数 $z = 1+i, w = 1-i$ について，次の複素数を計算せよ．
(1) $z+w$ (2) zw (3) z^2+w^2 (4) z^3+w^3

解答 (1) $z+w = 2$ (2) $zw = (1+i)(1-i) = 2$
(3) $z^2 + w^2 = (z+w)^2 - 2zw = 4 - 4 = 0$
(4) $z^3 + w^3 = (z+w)^3 - 3zw(z+w) = 8 - 12 = -4$ □

問題

3.1 次の等式を満たす実数 a, b を求めよ．
(1) $(a+b) + (b-1)i = 0$ (2) $(a+b) + (2a+3b)i = 1+i$

3.2 複素数 $z = 2+3i, w = 3-2i$ について，次の複素数を計算せよ．
(1) $z+w$ (2) $z-w$ (3) $2z+3w$
(4) zw (5) $\dfrac{w}{z}$ (6) $\dfrac{1+w}{1+z}$

3.3 複素数の極形式

複素数 $z = x + yi$ に対して,

$$|z| = \sqrt{x^2 + y^2}$$

を z の絶対値という. 点 $P(x, y)$ に対して, $r = \mathrm{OP}$, $\angle x\mathrm{OP} = \theta$ とおくと

$$r = \sqrt{x^2 + y^2} = |x + iy| = |z|$$

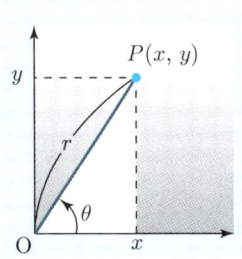

さらに,

$$\begin{cases} x = r\cos\theta \\ y = r\sin\theta \end{cases}$$

であるから

$$z = r(\cos\theta + i\sin\theta) \qquad \text{(極形式)}$$

これを z の極形式という. また, θ は z の偏角と呼ばれる.

複素数 $z = x + yi$ に対して,

$$\overline{z} = x - yi$$

を z の共役複素数という. このとき,

$$z\overline{z} = x^2 + y^2 = |z|^2 \qquad \text{(絶対値と共役複素数)}$$

第3章 複素数

例題 3.3 ─────── 複素数の極形式による計算式 ─

(1) $z_1 = r_1(\cos\theta_1 + i\sin\theta_1)$, $z_2 = r_2(\cos\theta_2 + i\sin\theta_2)$ のとき,

$$z_1 z_2 = r_1 r_2 \{\cos(\theta_1 + \theta_2) + i\sin(\theta_1 + \theta_2)\}$$

を示せ.

(2) $(\cos\theta + i\sin\theta)^n = \cos n\theta + i\sin n\theta$ を示せ.

解答 (1) $z_1 z_2 = r_1 r_2 (\cos\theta_1 + i\sin\theta_1)(\cos\theta_2 + i\sin\theta_2)$ である. ここで,

$$(\cos\theta_1 + i\sin\theta_1)(\cos\theta_2 + i\sin\theta_2)$$
$$= \cos\theta_1\cos\theta_2 - \sin\theta_1\sin\theta_2 + i(\cos\theta_1\sin\theta_2 + \sin\theta_1\cos\theta_2)$$
$$= \cos(\theta_1 + \theta_2) + i\sin(\theta_1 + \theta_2)$$

に注意すると, (1) が示される.

(2) [I] $n = 1$ または $n = 2$ のときは成立する.

[II] $n = k$ のときには成立すると仮定すると

$$(\cos\theta + i\sin\theta)^k = \cos k\theta + i\sin k\theta$$

両辺に $(\cos\theta + i\sin\theta)$ をかけて (1) を利用すると

$$(\cos\theta + i\sin\theta)^{k+1} = (\cos k\theta + i\sin k\theta)(\cos\theta + i\sin\theta)$$
$$= \cos(k+1)\theta + i\sin(k+1)\theta$$

よって, $n = k+1$ のときも成立する.

[I], [II] から, 数学的帰納法によって, すべての自然数 n に対して成立する. □

(2) の等式は**ド・モアブルの公式**と呼ばれる.

問題

3.3 (1) $z = 1 + i$ の極形式を求めよ.

(2) $(1+i)^{10}$ を計算せよ.

3.3 複素数の極形式

例題 3.4 ——————————— 方程式の解 ———

$z^3 = i$ を解け.

解答 $z = r(\cos\theta + i\sin\theta)$ とおいて, 例題 3.3 (2) を利用すると,
$$z^3 = r^3(\cos 3\theta + i\sin 3\theta)$$
これが
$$i = 1 \cdot \left(\cos\frac{\pi}{2} + i\sin\frac{\pi}{2}\right)$$
に一致するので
$$\begin{cases} r^3 = 1 \\ 3\theta = \dfrac{\pi}{2} + 2n\pi \end{cases}$$
$r \geqq 0$ だから, $r = 1$. また, $\theta = \dfrac{\pi}{6} + \dfrac{2n\pi}{3}$. ここで,

$n = 0$ のとき, $z = 1 \cdot \left(\cos\dfrac{\pi}{6} + i\sin\dfrac{\pi}{6}\right) = \dfrac{\sqrt{3}}{2} + \dfrac{1}{2}i$

$n = 1$ のとき, $z = 1 \cdot \left(\cos\dfrac{5\pi}{6} + i\sin\dfrac{5\pi}{6}\right) = -\dfrac{\sqrt{3}}{2} + \dfrac{1}{2}i$

$n = 2$ のとき, $z = 1 \cdot \left(\cos\dfrac{9\pi}{6} + i\sin\dfrac{9\pi}{6}\right) = -i$

よって,
$$z = \dfrac{\sqrt{3}}{2} + \dfrac{1}{2}i,\ -\dfrac{\sqrt{3}}{2} + \dfrac{1}{2}i,\ -i \qquad □$$

注意 $n = 3k,\ n = 3k+1,\ n = 3k+2\ (k = 0, \pm 1, \pm 2, \cdots)$ のときも上と同じ解が現れる. よって 3 次元方程式 $z^3 = i$ の解は 3 つしかないことがわかる.

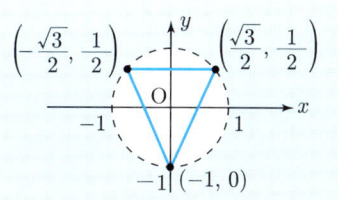

問題

3.4 次の方程式を解け.

(1) $z^2 = i$ (2) $z^2 - 2iz - 2 = 0$ (3) $z^4 = -1$

発展問題 3

1. $z^3 - 1 = 0$ の虚数解を α, β とするとき,次の値を求めよ.
   (1) $\alpha + \beta$ (2) $\alpha\beta$
   (3) $\dfrac{1}{\alpha} + \dfrac{1}{\beta}$ (4) $\alpha^{10} + \beta^{10}$

2. $(\sqrt{3} + i)^n$ が実数となるような自然数 n の中で最小なものとそのときの値を求めよ.

3. (1) $|z + w|^2 = |z|^2 + |w|^2 + (\overline{z}w + z\overline{w})$ を示せ.
   (2) 三角不等式
   $$|z + w| \leqq |z| + |w|$$
   を示せ.
   (3) $|z + w| = |z| + |w|$ のとき,z と w の偏角が一致することを示せ.
   (4) $|z| < 1, |w| < 1, 0 < t < 1$ のとき,
   $$|(1-t)z + tw| < 1$$
   を示せ.

4. $|z - i| = 3$ のとき,$|z|$ の最小値と最大値を求めよ.

5. 実数を係数にもつ 3 次方程式
   $$z^3 + az^2 + bz - 4 = 0$$
   の 1 つの解が $1 + i$ である.
   (1) $\overline{1 + i}$ も解であることを示せ.
   (2) a, b の値および 3 次方程式の解を求めよ.

6. $|z| = 1, |\zeta| < 1$ のとき,
   $$\left|\dfrac{z - \zeta}{1 - \overline{\zeta}z}\right| = 1$$
   を示せ.

7. $z = x + yi$ に対して
   (1) z^2 が実数であるような点 (x, y) が作る図形を図示せよ.
   (2) z^2 の実部が 0 であるような点 (x, y) が作る図形を図示せよ.

8. (1) $(\alpha - \beta)(\gamma - \delta) + (\alpha - \gamma)(\delta - \beta) + (\alpha - \delta)(\beta - \gamma) = 0$ を示せ.
   (2) $|\alpha - \beta||\gamma - \delta| + |\alpha - \gamma||\delta - \beta| \geqq |\alpha - \delta||\beta - \gamma|$ を示せ.

第4章

行　　列

4.1 行　　列

数を縦と横に長方形状に並べたものを**行列**という．横に n 個，縦に m 個の数を並べた行列は

$$\begin{bmatrix} a_{11} & a_{12} & \cdots & a_{1n} \\ a_{21} & a_{22} & \cdots & a_{2n} \\ \vdots & \vdots & \ddots & \vdots \\ a_{m1} & a_{m2} & \cdots & a_{mn} \end{bmatrix} \begin{matrix} 第1行 \\ 第2行 \\ \vdots \\ 第m行 \end{matrix}$$

第1列　第2列　$\cdots$　第n列

のように表す．このとき，横の並びを**行**，縦の並びを**列**といい，上の行から順に第1行，第2行，$\cdots$，第m行，左の列から順に第1列，第2列，$\cdots$，第n列という．行が m 個あり列が n 個ある行列を $\boldsymbol{m \times n}$ **行列**という．

第 i 行にありかつ第 j 列にある数を (i, j) **成分**または (i, j) **要素**という．とくに，成分がすべて 0 である行列を**零行列**といい，$\boldsymbol{O}$ で表す．

行の数と列の数が一致する行列は**正方行列**という．$n \times n$ 行列は $\boldsymbol{n}$ **次正方行列**という．n 次正方行列の (i, j) 成分を a_{ij} としたとき，

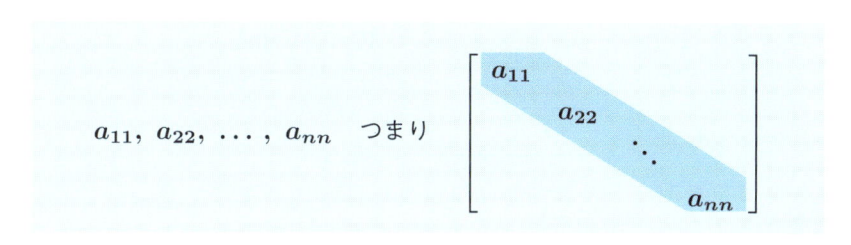

$$a_{11}, a_{22}, \ldots, a_{nn} \quad \text{つまり} \quad \begin{bmatrix} a_{11} & & & \\ & a_{22} & & \\ & & \ddots & \\ & & & a_{nn} \end{bmatrix}$$

を**対角成分**という．対角成分以外の成分がすべて 0 である正方行列は**対角行列**と呼ばれる．とくに，対角成分がすべて 1 である対角行列は**単位行列**といい，E で表す．

$$E = \begin{bmatrix} 1 & & O \\ & \ddots & \\ O & & 1 \end{bmatrix}$$

単位行列の (i,j) 成分を**クロネッカーの記号**を用いて δ_{ij} で表す：

$$\delta_{ij} = \begin{cases} 1 & (i = j) \\ 0 & (i \neq j) \end{cases} \qquad \text{(クロネッカーの記号)}$$

行列 A のそれぞれの行を列とする行列を**転置行列**といい，${}^tA$ で表す．例えば，

$$A = \begin{bmatrix} 1 & 2 & 3 \\ 4 & 5 & 6 \end{bmatrix} \text{ のとき，} {}^tA = \begin{bmatrix} 1 & 4 \\ 2 & 5 \\ 3 & 6 \end{bmatrix}$$

である．

問題

4.1 (i,j) 成分が $(-1)^{i+j}$ である 2×3 行列を求めよ．

4.2 対角成分が順に 1, 2, 3 である 3 次の対角行列を書け．

4.3 A 店での 4 日間の果物の売り上げが次の表のようになっている．

	りんご	オレンジ	メロン
1 日	24	15	2
2 日	12	16	0
3 日	21	8	1
4 日	8	14	4

この表の枠を取り去って 4×3 行列を書け．

4.2 行列の演算

2 つの行列 A, B の行と列の数が一致し，対応する成分がすべて等しいとき，

$$A = B \qquad \text{(行列の相等)}$$

と表す．

また，A の (i,j) 成分 a_{ij} と B の (i,j) 成分 b_{ij} の和 $a_{ij}+b_{ij}$ を (i,j) 成分とする行列を A と B の和といい，$\boldsymbol{A+B}$ と表す．さらに，数 k について，ka_{ij} を (i,j) 成分とする行列を k と A の積といい，$\boldsymbol{kA}$ と表す．

例えば，$A = \begin{bmatrix} 1 & 2 & 3 \\ 4 & 5 & 6 \end{bmatrix}$, $B = \begin{bmatrix} 2 & 3 & 4 \\ 5 & 6 & 7 \end{bmatrix}$ のとき，

$$A + B = \begin{bmatrix} 1+2 & 2+3 & 3+4 \\ 4+5 & 5+6 & 6+7 \end{bmatrix} = \begin{bmatrix} 3 & 5 & 7 \\ 9 & 11 & 13 \end{bmatrix}$$

$$2A = \begin{bmatrix} 2\times 1 & 2\times 2 & 2\times 3 \\ 2\times 4 & 2\times 5 & 2\times 6 \end{bmatrix} = \begin{bmatrix} 2 & 4 & 6 \\ 8 & 10 & 12 \end{bmatrix}$$

とくに，$(-1)B$ を $-B$，$A+(-1)B$ を $A-B$ と表す．

このとき，次の定理が成り立つ．

定理 4.1 A, B, C は $m \times n$ 行列，α, β は数のとき次が成り立つ．

(1) $A + B = B + A$ （交換法則）
(2) $(A + B) + C = A + (B + C)$ （結合法則）
(3) $\alpha(A + B) = \alpha A + \alpha B$ （分配法則）
(4) $(\alpha + \beta)A = \alpha A + \beta A$ （分配法則）

転置行列について次が成り立つ．

(5) ${}^t(A + B) = {}^tA + {}^tB$
(6) ${}^t(\alpha A) = \alpha \, {}^tA$

第4章 行列

例題 4.1 ─────────────── 行列の相等 ─

$$\begin{bmatrix} a+b & ab \\ a^2+b^2 & a^3+b^3 \end{bmatrix} = \begin{bmatrix} 2 & -1 \\ c & d \end{bmatrix}$$ となるように a, b, c, d を定めよ．

解答 対応する成分が一致するので

$$\begin{cases} a + b = 2 & \cdots\cdots ① \\ ab = -1 & \cdots\cdots ② \\ a^2 + b^2 = c & \cdots\cdots ③ \\ a^3 + b^3 = d & \cdots\cdots ④ \end{cases}$$

① と ② から a, b は

$$t^2 - 2t - 1 = 0$$

の解であるから，

$$(a, b) = \left(1+\sqrt{2}, 1-\sqrt{2}\right), \left(1-\sqrt{2}, 1+\sqrt{2}\right).$$

③ より $c = (a+b)^2 - 2ab = 2^2 - 2 \times (-1) = 4 + 2 = 6.$

④ より $d = (a+b)^3 - 3ab(a+b) = 2^3 - 3 \times (-1) \times 2 = 8 + 6 = 14.$ □

問題

4.4 $\begin{bmatrix} a & b & c \\ d & e & f \end{bmatrix} = \begin{bmatrix} 1 & a & b \\ c & d & e \end{bmatrix}$ となるように a, b, c, d, e, f を定めよ．

4.5 $\begin{bmatrix} a+b & a-b \\ ab & a^2+b^2 \end{bmatrix} = \begin{bmatrix} 4 & 2 \\ c & d \end{bmatrix}$ となるように a, b, c, d を定めよ．

4.6 行列 A が $A = {}^t\!A$ を満たせば，A は正方行列であることを示せ．

4.2 行列の演算

例題 4.2 ──────────────── 行列の計算 ──

行列 $A = \begin{bmatrix} 1 & 2 & 3 \\ 2 & 3 & 4 \end{bmatrix}, B = \begin{bmatrix} 1 & -1 & 1 \\ -1 & 1 & -1 \end{bmatrix}$ に対して

(1) $A + B$ を求めよ.
(2) $2A + 3B$ を求めよ.
(3) $(A+B) + X = 2A + 3B$ となる X を求めよ.

解答 (1) $A + B = \begin{bmatrix} 1+1 & 2-1 & 3+1 \\ 2-1 & 3+1 & 4-1 \end{bmatrix} = \begin{bmatrix} 2 & 1 & 4 \\ 1 & 4 & 3 \end{bmatrix}$

(2) $2A + 3B = \begin{bmatrix} 2\times 1 + 3\times 1 & 2\times 2 - 3\times 1 & 2\times 3 + 3\times 1 \\ 2\times 2 - 3\times 1 & 2\times 3 + 3\times 1 & 2\times 4 - 3\times 1 \end{bmatrix}$

$= \begin{bmatrix} 5 & 1 & 9 \\ 1 & 9 & 5 \end{bmatrix}$

(3) $X = (2A + 3B) - (A + B) = \begin{bmatrix} 5 & 1 & 9 \\ 1 & 9 & 5 \end{bmatrix} - \begin{bmatrix} 2 & 1 & 4 \\ 1 & 4 & 3 \end{bmatrix}$

$= \begin{bmatrix} 5-2 & 1-1 & 9-4 \\ 1-1 & 9-4 & 5-3 \end{bmatrix} = \begin{bmatrix} 3 & 0 & 5 \\ 0 & 5 & 2 \end{bmatrix}$

または,

$X = (2A + 3B) - (A + B) = A + 2B$

$= \begin{bmatrix} 1+2\times 1 & 2-2\times 1 & 3+2\times 1 \\ 2-2\times 1 & 3+2\times 1 & 4-2\times 1 \end{bmatrix} = \begin{bmatrix} 3 & 0 & 5 \\ 0 & 5 & 2 \end{bmatrix}$ □

問題

4.7 行列 $A = \begin{bmatrix} 1 & 2 & 3 & 4 \\ 2 & 3 & 4 & 5 \end{bmatrix}, B = \begin{bmatrix} 1 & -1 & 1 & -1 \\ -1 & 1 & -1 & 1 \end{bmatrix}$ に対して

(1) $A - B$ を求めよ.
(2) $2A - 3B$ を求めよ.
(3) $(A - B) + X = 2A - 3B$ となる X を求めよ.

例題 4.3 — 転置行列

$A = \begin{bmatrix} a_{11} & a_{12} & a_{13} \\ a_{21} & a_{22} & a_{23} \\ a_{31} & a_{32} & a_{33} \end{bmatrix}$ について, $P = \dfrac{1}{2}(A + {}^tA), Q = \dfrac{1}{2}(A - {}^tA)$

とおく.

(1) ${}^tP = P$ を示せ. (2) ${}^tQ = -Q$ を示せ.

(3) $A = X + Y, {}^tX = X, {}^tY = -Y$ であれば, $X = P, Y = Q$ であることを示せ. ここに, X は A の対称部分, Y は A の歪対称部分と呼ばれる.

解答

(1) $P = \dfrac{1}{2}(A + {}^tA) = \begin{bmatrix} a_{11} & \dfrac{a_{12}+a_{21}}{2} & \dfrac{a_{13}+a_{31}}{2} \\ \dfrac{a_{21}+a_{12}}{2} & a_{22} & \dfrac{a_{23}+a_{32}}{2} \\ \dfrac{a_{31}+a_{13}}{2} & \dfrac{a_{32}+a_{23}}{2} & a_{33} \end{bmatrix}$ だから,

${}^tP = P$ である.

(2) $Q = \dfrac{1}{2}(A - {}^tA) = \begin{bmatrix} 0 & \dfrac{a_{12}-a_{21}}{2} & \dfrac{a_{13}-a_{31}}{2} \\ \dfrac{a_{21}-a_{12}}{2} & 0 & \dfrac{a_{23}-a_{32}}{2} \\ \dfrac{a_{31}-a_{13}}{2} & \dfrac{a_{32}-a_{23}}{2} & 0 \end{bmatrix}$ だから,

${}^tQ = -Q$ である.

(3) ${}^t(X+Y) = {}^tX + {}^tY = X - Y$ に注意すると

$$A = X + Y, \quad {}^tA = X - Y$$

したがって, $X = \dfrac{1}{2}(A + {}^tA) = P, \quad Y = \dfrac{1}{2}(A - {}^tA) = Q$ □

問題

4.8 $A = \begin{bmatrix} 1 & 2 & 3 \\ 4 & 5 & 6 \\ 7 & 8 & 9 \end{bmatrix}$ の対称部分 X と歪対称部分 Y を求めよ.

4.3 行列の積

2つの行列 A, B に対して，A の列の数と B の行の数が一致するとき，A と B の積を定義しよう．そこで，$m \times n$ 行列 A の (i,j) 成分を a_{ij}，$n \times p$ 行列 B の (i,j) 成分を b_{ij} とするとき，

$$a_{i1}b_{1j} + a_{i2}b_{2j} + \cdots + a_{in}b_{nj} = \sum_{k=1}^{n} a_{ik}b_{kj}$$

を (i,j) 成分とする行列を A と B の**積**といい，$\boldsymbol{AB}$ と表す．

転置行列について，次が成り立つ．

定理 4.2 $m \times n$ 行列 A と $n \times p$ 行列 B に対して，

$${}^t(AB) = {}^tB\, {}^tA$$

例えば，$A = \begin{bmatrix} a_{11} & a_{12} & a_{13} \\ a_{21} & a_{22} & a_{23} \end{bmatrix}$, $B = \begin{bmatrix} b_{11} & b_{12} \\ b_{21} & b_{22} \\ b_{31} & b_{32} \end{bmatrix}$ のとき，

$$AB = \begin{bmatrix} a_{11}b_{11} + a_{12}b_{21} + a_{13}b_{31} & a_{11}b_{12} + a_{12}b_{22} + a_{13}b_{32} \\ a_{21}b_{11} + a_{22}b_{21} + a_{23}b_{31} & a_{21}b_{12} + a_{22}b_{22} + a_{23}b_{32} \end{bmatrix}$$

$$\begin{aligned}
{}^tB\,{}^tA &= \begin{bmatrix} b_{11} & b_{21} & b_{31} \\ b_{12} & b_{22} & b_{32} \end{bmatrix} \begin{bmatrix} a_{11} & a_{21} \\ a_{12} & a_{22} \\ a_{13} & a_{23} \end{bmatrix} \\
&= \begin{bmatrix} b_{11}a_{11} + b_{21}a_{12} + b_{31}a_{13} & b_{11}a_{21} + b_{21}a_{22} + b_{31}a_{23} \\ b_{12}a_{11} + b_{22}a_{12} + b_{32}a_{13} & b_{12}a_{21} + b_{22}a_{22} + b_{32}a_{23} \end{bmatrix} \\
&= {}^t(AB)
\end{aligned}$$

例題 4.4 —— 行列の積

$A = \begin{bmatrix} 1 & 2 & 3 \\ 2 & 3 & 4 \end{bmatrix}, B = \begin{bmatrix} 1 & -1 \\ -1 & 1 \\ 1 & 1 \end{bmatrix}$ に対して，次の行列を求めよ．

(1) AB (2) BA

解答 (1) $AB = \begin{bmatrix} 1-2+3 & -1+2+3 \\ 2-3+4 & -2+3+4 \end{bmatrix} = \begin{bmatrix} 2 & 4 \\ 3 & 5 \end{bmatrix}$

(2) $BA = \begin{bmatrix} 1-2 & 2-3 & 3-4 \\ -1+2 & -2+3 & -3+4 \\ 1+2 & 2+3 & 3+4 \end{bmatrix} = \begin{bmatrix} -1 & -1 & -1 \\ 1 & 1 & 1 \\ 3 & 5 & 7 \end{bmatrix}$ □

注意 (1), (2) より $AB \neq BA$ に注意しよう．

問題

4.9 $A = \begin{bmatrix} 1 & 2 \\ 3 & 4 \end{bmatrix}, B = \begin{bmatrix} 4 & -3 \\ -2 & 1 \end{bmatrix}$ に対して，次の行列を求めよ．

(1) AB (2) BA

4.10 $A = \begin{bmatrix} a_1 & a_2 & a_3 \end{bmatrix}$ に対して，次の行列を求めよ．

(1) ${}^t\!AA$ (2) $A\,{}^t\!A$

4.11 行列 $A = \begin{bmatrix} a_{11} & a_{12} & a_{13} \\ a_{21} & a_{22} & a_{23} \\ a_{31} & a_{32} & a_{33} \end{bmatrix}$ の列からできる行列を

$$\boldsymbol{a}_1 = \begin{bmatrix} a_{11} \\ a_{21} \\ a_{31} \end{bmatrix}, \quad \boldsymbol{a}_2 = \begin{bmatrix} a_{12} \\ a_{22} \\ a_{32} \end{bmatrix}, \quad \boldsymbol{a}_3 = \begin{bmatrix} a_{13} \\ a_{23} \\ a_{33} \end{bmatrix}$$

とするとき，

$$A\boldsymbol{x} = \begin{bmatrix} a_{11} & a_{12} & a_{13} \\ a_{21} & a_{22} & a_{23} \\ a_{31} & a_{32} & a_{33} \end{bmatrix} \begin{bmatrix} x_1 \\ x_2 \\ x_3 \end{bmatrix} = x_1 \boldsymbol{a}_1 + x_2 \boldsymbol{a}_2 + x_3 \boldsymbol{a}_3$$

を示せ．

4.4 行列の演算

行列の和と積に関する基本的性質を示そう．

定理 4.3 $m \times n$ 行列 A, B と $n \times p$ 行列 C に対して，分配法則

$$(A+B)C = AC + BC \qquad \text{(分配法則)}$$

が成り立つ．

証明 $(A+B)C$ の (i,j) 成分は

$$\sum_{k=1}^{n}(a_{ik}+b_{ik})c_{kj} = \sum_{k=1}^{n}(a_{ik}c_{kj}+b_{ik}c_{kj})$$
$$= \sum_{k=1}^{n}a_{ik}c_{kj} + \sum_{k=1}^{n}b_{ik}c_{kj}$$

この右辺の第 1 項は AC の (i,j) 成分で，第 2 項は BC の (i,j) 成分であるから，右辺は $AC+BC$ の (i,j) 成分である．したがって，求める等式が示される． □

定理 4.4 $m \times n$ 行列 A, $n \times p$ 行列 B と $p \times q$ 行列 C に対して，結合法則

$$(AB)C = A(BC) \qquad \text{(結合法則)}$$

が成り立つ．

証明 AB は $m \times p$ 行列で C は $p \times q$ 行列であるから，積 $(AB)C$ が定義される．一方，BC は $n \times q$ 行列で A は $m \times n$ 行列であるから，積 $A(BC)$ も定義される．AB の (i,l) 成分は $\sum_{k=1}^{n}a_{ik}b_{kl}$ であるから，$(AB)C$ の (i,j) 成分は

$$\sum_{l=1}^{p}\left(\sum_{k=1}^{n}a_{ik}b_{kl}\right)c_{lj}$$

この和を具体的に書くと

$$\begin{aligned}
&\left(\ \boxed{a_{i1}b_{11}}\ + a_{i2}b_{21} + \cdots + a_{in}b_{n1}\right) c_{1j} && (l=1) \\
&+\left(\ \boxed{a_{i1}b_{12}}\ + a_{i2}b_{22} + \cdots + a_{in}b_{n2}\right) c_{2j} && (l=2) \\
&\quad\vdots \\
&+\left(\ \boxed{a_{i1}b_{1p}}\ + a_{i2}b_{2p} + \cdots + a_{in}b_{np}\right) c_{pj} && (l=p) \\
&= (*)
\end{aligned}$$

この式を縦に加えると $(AB)C$ の第 1 列は

$$\begin{aligned}
\boxed{a_{i1}b_{11}c_{1j} + a_{i1}b_{12}c_{2j} + \cdots + a_{i1}b_{1p}c_{pj}} &= a_{i1}\left(b_{11}c_{1j} + b_{12}c_{2j} + \cdots + b_{1p}c_{pj}\right) \\
&= a_{i1}\sum_{l=1}^{p} b_{1l}c_{lj} && (k=1)
\end{aligned}$$

第 2 列は

$$\begin{aligned}
a_{i2}b_{21}c_{1j} + a_{i2}b_{22}c_{2j} + \cdots + a_{i2}b_{2p}c_{pj} &= a_{i2}\left(b_{21}c_{1j} + b_{22}c_{2j} + \cdots + b_{2p}c_{pj}\right) \\
&= a_{i2}\sum_{l=1}^{p} b_{2l}c_{lj} && (k=2)
\end{aligned}$$

$\quad\vdots$

第 n 列は

$$\begin{aligned}
a_{in}b_{n1}c_{1j} + a_{in}b_{n2}c_{2j} + \cdots + a_{in}b_{np}c_{pj} &= a_{in}\left(b_{n1}c_{1j} + b_{n2}c_{2j} + \cdots + b_{np}c_{pj}\right) \\
&= a_{in}\sum_{l=1}^{p} b_{nl}c_{lj} && (k=n)
\end{aligned}$$

よって,

$$\begin{aligned}
(*) &= a_{i1}\sum_{l=1}^{p} b_{1l}c_{lj} + a_{i2}\sum_{l=1}^{p} b_{2l}c_{lj} + \cdots + a_{in}\sum_{l=1}^{p} b_{nl}c_{lj} \\
&= \sum_{k=1}^{n} a_{ik}\left(\sum_{l=1}^{p} b_{kl}c_{lj}\right) = (**)
\end{aligned}$$

$\sum_{l=1}^{p} b_{kl}c_{lj}$ は BC の (k,j) 成分であるから, $(**)$ は $A(BC)$ の (i,j) 成分である. したがって, $(AB)C$ の (i,j) 成分と $A(BC)$ の (i,j) 成分が一致するので

$$(AB)C = A(BC)$$

□

4.4 行列の演算

例題 4.5 ─────────────────────── 行列の演算 ─

$X = \begin{bmatrix} x & y \end{bmatrix}, H = \begin{bmatrix} a & b \\ b & c \end{bmatrix}, Y = \begin{bmatrix} x \\ y \end{bmatrix}$ のとき,XHY を求めよ.

解答 $XH = \begin{bmatrix} x & y \end{bmatrix} \begin{bmatrix} a & b \\ b & c \end{bmatrix} = \begin{bmatrix} ax+by & bx+cy \end{bmatrix}$ だから,

$(XH)Y = \begin{bmatrix} ax+by & bx+cy \end{bmatrix} \begin{bmatrix} x \\ y \end{bmatrix}$

$= (ax+by)x + (bx+cy)y = ax^2 + 2bxy + cy^2$ □

問 題

4.12 $A = \begin{bmatrix} 0 & 1 \\ 2 & 3 \end{bmatrix}, B = \begin{bmatrix} 1 & 2 \\ 3 & 4 \end{bmatrix}, C = \begin{bmatrix} 2 & 3 \\ 4 & 5 \end{bmatrix}$ のとき,次を確かめよ.

(1) $(A+B)C, AC+BC$ を計算して,$(A+B)C = AC+BC$
(2) $(AB)C, A(BC)$ を計算して,$(AB)C = A(BC)$

例題 4.6 ─────────────────────── 行列の累乗 ─

$A = \begin{bmatrix} 1 & -1 \\ 2 & -2 \end{bmatrix}$ について,(1) A^2 を求めよ. (2) A^{10} を求めよ.

解答

(1) $A^2 = \begin{bmatrix} 1 & -1 \\ 2 & -2 \end{bmatrix} \begin{bmatrix} 1 & -1 \\ 2 & -2 \end{bmatrix} = \begin{bmatrix} 1-2 & -1+2 \\ 2-4 & -2+4 \end{bmatrix} = \begin{bmatrix} -1 & 1 \\ -2 & 2 \end{bmatrix}$

(2) (1) より $A^2 = -A$ だから $A^{10} = (A^2)^5 = (-A)^5 = -A^5 = -(A^2)^2 A$

$= -(-A)^2 A = AA = -A = \begin{bmatrix} -1 & 1 \\ -2 & 2 \end{bmatrix}$ □

問 題

4.13 $A = \begin{bmatrix} 1 & -1 \\ 3 & -2 \end{bmatrix}$ について,

(1) A^2, A^3 を求めよ. (2) A^{10} を求めよ.

例題 4.7 ─── 行列の積 ───

(1) $A = \begin{bmatrix} 0 & 1 & 0 \\ 1 & 0 & 0 \\ 0 & 0 & 1 \end{bmatrix}, B = \begin{bmatrix} 1 & 0 & 0 \\ 0 & 0 & 1 \\ 0 & 1 & 0 \end{bmatrix}$ のとき，AB, BA を計算し，$AB \neq BA$ を示せ．

(2) n 次の正方行列 A, B に対して，次が同値であることを示せ．
  (i) $(A+B)^2 = A^2 + 2AB + B^2$
  (ii) $AB = BA$

解答 (1) $AB = \begin{bmatrix} 0 & 0 & 1 \\ 1 & 0 & 0 \\ 0 & 1 & 0 \end{bmatrix}, BA = \begin{bmatrix} 0 & 1 & 0 \\ 0 & 0 & 1 \\ 1 & 0 & 0 \end{bmatrix}$ だから，

$$AB \neq BA$$

(2) $(A+B)^2 = A(A+B) + B(A+B) = A^2 + AB + BA + B^2$
であるから，これが $A^2 + 2AB + B^2$ に一致するのは

$$A^2 + \boxed{AB + BA} + B^2 = A^2 + \boxed{2AB} + B^2$$

この式は，

$$BA = AB$$

と同値である． □

注意 n 次の正方行列 A と n 次の単位行列 E に対して，

$$EA = AE = A$$
$$(A+E)^2 = A^2 + 2A + E$$

が成立する．

問題

4.14 n 次の正方行列 A, B に対して，次が同値であることを示せ．
  (i) $(A+B)(A-B) = A^2 - B^2$
  (ii) $AB = BA$

例題 4.8 ─────────────────────────── 行列の累乗 ─

(1) A は n 次の正方行列, E は n 次の単位行列とするとき, 自然数 m に対して

$$(A+E)^m = A^m + \binom{m}{1} A^{m-1} + \binom{m}{2} A^{m-2}$$
$$+ \cdots + \binom{m}{m-1} A + E$$

を示せ. ここに, $\binom{m}{k} = {}_m C_k = \dfrac{m!}{(m-k)!\, k!}$ である.

(2) $X = \begin{bmatrix} 1 & 1 & 1 \\ 0 & 1 & 1 \\ 0 & 0 & 1 \end{bmatrix}$ について, X^{10} を求めよ.

解答 (1) 数学的帰納法で示そう.

[I] $m=1$ のときには明らかに成立する.

[II] $m=k$ のとき, 成立すると仮定すると

$$(A+E)^k = A^k + \binom{k}{1} A^{k-1} + \binom{k}{2} A^{k-2} + \cdots + \binom{k}{k-1} A + E$$

両辺に $A+E$ をかけると

$$(A+E)^{k+1}$$
$$= \left\{ A^k + \binom{k}{1} A^{k-1} + \binom{k}{2} A^{k-2} + \cdots + \binom{k}{k-1} A + E \right\}(A+E)$$
$$= A^{k+1} + \left\{ \binom{k}{1} + 1 \right\} A^k + \left\{ \binom{k}{2} + \binom{k}{1} \right\} A^{k-1}$$
$$+ \cdots + \left\{ 1 + \binom{k}{k-1} \right\} A + E \qquad \cdots\cdots (*)$$

ここで,

$$\binom{k}{i} + \binom{k}{i-1} = \frac{k!}{(k-i)!\, i!} + \frac{k!}{(k-i+1)!\,(i-1)!}$$
$$= \frac{k!}{(k-i+1)!\, i!} (i + k - i + 1) = \frac{(k+1)!}{(k-i+1)!\, i!} = \binom{k+1}{i}$$

に注意すると

$$(*) = A^{k+1} + \binom{k+1}{1}A^k + \binom{k+1}{2}A^{k-1} + \cdots + \binom{k+1}{k}A + E$$

よって, $m = k+1$ のときのも成立する.

[I], [II]から, すべての m に対して成立する.

(2) $A = \begin{bmatrix} 0 & 1 & 1 \\ 0 & 0 & 1 \\ 0 & 0 & 0 \end{bmatrix}$ とすると, $X = A + E$ である. ここで,

$$A^2 = \begin{bmatrix} 0 & 1 & 1 \\ 0 & 0 & 1 \\ 0 & 0 & 0 \end{bmatrix} \begin{bmatrix} 0 & 1 & 1 \\ 0 & 0 & 1 \\ 0 & 0 & 0 \end{bmatrix} = \begin{bmatrix} 0 & 0 & 1 \\ 0 & 0 & 0 \\ 0 & 0 & 0 \end{bmatrix}$$

$$A^3 = A^2 A = \begin{bmatrix} 0 & 0 & 1 \\ 0 & 0 & 0 \\ 0 & 0 & 0 \end{bmatrix} \begin{bmatrix} 0 & 1 & 1 \\ 0 & 0 & 1 \\ 0 & 0 & 0 \end{bmatrix} = \begin{bmatrix} 0 & 0 & 0 \\ 0 & 0 & 0 \\ 0 & 0 & 0 \end{bmatrix} = O$$

したがって, $A^4 = O, \ldots, A^{10} = O$. そこで, (1)の結果を利用して

$$X^{10} = (A+E)^{10} = A^{10} + \binom{10}{1}A^9 + \cdots + \binom{10}{8}A^2 + \binom{10}{9}A + E$$

$$= \binom{10}{8}A^2 + \binom{10}{9}A + E = 45A^2 + 10A + E$$

$$= \begin{bmatrix} 1 & 0 & 45 \\ 0 & 0 & 0 \\ 0 & 0 & 0 \end{bmatrix} + \begin{bmatrix} 0 & 10 & 10 \\ 0 & 0 & 10 \\ 0 & 0 & 0 \end{bmatrix} + \begin{bmatrix} 1 & 0 & 0 \\ 0 & 1 & 0 \\ 0 & 0 & 1 \end{bmatrix}$$

$$= \begin{bmatrix} 1 & 10 & 45+10 \\ 0 & 1 & 10 \\ 0 & 0 & 1 \end{bmatrix} = \begin{bmatrix} 1 & 10 & 55 \\ 0 & 1 & 10 \\ 0 & 0 & 1 \end{bmatrix} \qquad \square$$

問題

4.15 (1) $A = \begin{bmatrix} 0 & 2 & 3 \\ 0 & 0 & 2 \\ 0 & 0 & 0 \end{bmatrix}$ について, A^2, A^3, A^4 を求めよ.

(2) $B = \begin{bmatrix} 1 & 2 & 3 \\ 0 & 1 & 2 \\ 0 & 0 & 1 \end{bmatrix}$ について, B^5 を求めよ.

4.5 行列の分割

行列 $A = \begin{bmatrix} a_{11} & a_{12} & \cdots & a_{1n} \\ a_{21} & a_{22} & \cdots & a_{2n} \\ \vdots & \vdots & \ddots & \vdots \\ a_{m1} & a_{m2} & \cdots & a_{mn} \end{bmatrix}$ をいくつかの小さい行列に分割することを考える．

例えば，A の各列からできる $m \times 1$ 行列を $a_1, a_2, \ldots, a_n$ とするとき，

$$A = \begin{bmatrix} a_1 & a_2 & \cdots & a_n \end{bmatrix} \qquad \text{(列ベクトル表示)}$$

と表す．$a_1, a_2, \ldots, a_n$ を A の列ベクトルといい，上の表示を列ベクトル表示と呼ぶ．このとき，

$$Ax = \begin{bmatrix} a_{11} & a_{12} & \cdots & a_{1n} \\ a_{21} & a_{22} & \cdots & a_{2n} \\ \vdots & \vdots & \ddots & \vdots \\ a_{m1} & a_{m2} & \cdots & a_{mn} \end{bmatrix} \begin{bmatrix} x_1 \\ x_2 \\ \vdots \\ x_n \end{bmatrix}$$

$$= x_1 a_1 + x_2 a_2 + \cdots + x_n a_n$$

行列 A の各行からできる $1 \times n$ 行列を $b_1, b_2, \ldots, b_m$ とするとき，

$$A = \begin{bmatrix} b_1 \\ b_2 \\ \vdots \\ b_m \end{bmatrix} \qquad \text{(行ベクトル表示)}$$

と表す．$b_1, b_2, \ldots, b_m$ を A の行ベクトルといい，この表示を行ベクトル表示と呼ぶ．

$m \times n$ 行列 A の行ベクトル表示と $n \times p$ 行列 B の列ベクトル表示に対して，

$$AB = \begin{bmatrix} a_1 \\ a_2 \\ \vdots \\ a_m \end{bmatrix} \begin{bmatrix} b_1 & b_2 & \cdots & b_p \end{bmatrix}$$

$$= \begin{bmatrix} a_1 b_1 & a_1 b_2 & \cdots & a_1 b_p \\ a_2 b_1 & a_2 b_2 & \cdots & a_2 b_p \\ \vdots & \vdots & \ddots & \vdots \\ a_m b_1 & a_m b_2 & \cdots & a_m b_p \end{bmatrix}$$

$$= \begin{bmatrix} Ab_1 & Ab_2 & \cdots & Ab_p \end{bmatrix}$$

が成り立つ．

例えば，$A = \begin{bmatrix} a_{11} & a_{12} & a_{13} \\ a_{21} & a_{22} & a_{23} \\ a_{31} & a_{32} & a_{33} \end{bmatrix}$ の第 1 行と第 2 行の間および第 2 列と第 3 列の間に線を入れて，

$$A = \left[\begin{array}{cc:c} a_{11} & a_{12} & a_{13} \\ a_{21} & a_{22} & a_{23} \\ \hdashline a_{31} & a_{32} & a_{33} \end{array} \right] = \begin{bmatrix} A_{11} & A_{12} \\ A_{21} & A_{22} \end{bmatrix}$$

のように A を小行列 $A_{11}, A_{12}, A_{21}, A_{22}$ に分割する．

4.5 行列の分割

例題 4.9 ─────────────────────── 行列の分割 ─

4次の正方行列

$$A = \begin{bmatrix} a_{11} & a_{12} & a_{13} & a_{14} \\ a_{21} & a_{22} & a_{23} & a_{24} \\ a_{31} & a_{32} & a_{33} & a_{34} \\ a_{41} & a_{42} & a_{43} & a_{44} \end{bmatrix}, \quad B = \begin{bmatrix} b_{11} & b_{12} & b_{13} & b_{14} \\ b_{21} & b_{22} & b_{23} & b_{24} \\ b_{31} & b_{32} & b_{33} & b_{34} \\ b_{41} & b_{42} & b_{43} & b_{44} \end{bmatrix}$$

をそれぞれ 4 個の 2 次の小行列に分割する：

$$A = \begin{bmatrix} a_{11} & a_{12} & a_{13} & a_{14} \\ a_{21} & a_{22} & a_{23} & a_{24} \\ a_{31} & a_{32} & a_{33} & a_{34} \\ a_{41} & a_{42} & a_{43} & a_{44} \end{bmatrix} = \begin{bmatrix} A_{11} & A_{12} \\ A_{21} & A_{22} \end{bmatrix}$$

$$B = \begin{bmatrix} b_{11} & b_{12} & b_{13} & b_{14} \\ b_{21} & b_{22} & b_{23} & b_{24} \\ b_{31} & b_{32} & b_{33} & b_{34} \\ b_{41} & b_{42} & b_{43} & b_{44} \end{bmatrix} = \begin{bmatrix} B_{11} & B_{12} \\ B_{21} & B_{22} \end{bmatrix}$$

このとき，次を示せ．

$$AB = \begin{bmatrix} A_{11}B_{11} + A_{12}B_{21} & A_{11}B_{12} + A_{12}B_{22} \\ A_{21}B_{11} + A_{22}B_{21} & A_{21}B_{12} + A_{22}B_{22} \end{bmatrix}$$

解答 両辺を計算して対応する成分を比べればよい． □

問題

4.16 4次の正方行列 A が 2 次の正方行列によって，

$$A = \begin{bmatrix} A_{11} & O \\ O & A_{22} \end{bmatrix}$$

と表されているとき，A^2, A^3 を求めよ．

発展問題 4

1. 次のように定義される行列を考える：
   - (P1) n 次の単位行列 E の i 行と j 行を入れ替えてできる行列を $P(i,j)$ とする．
   - (P2) n 次の単位行列 E の i 行を c 倍してできる行列を $P(i;c)$ とする．
   - (P3) n 次の単位行列 E の i 行に j 行の c 倍を加えてできる行列を $P(i,j;c)$ とする．

   このとき，n 次の正方行列 A について，次の行列を計算せよ．
   - (1) $P(i,j)A$
   - (2) $P(i;c)A$
   - (3) $P(i,j;c)A$
   - (4) $AP(i,j)$
   - (5) $AP(i;c)$
   - (6) $AP(i,j;c)$

2. n 次正方行列 A の (i,j) 成分 a_{ij} が，
   $$i > j \text{ ならば}, \quad a_{ij} = 0$$
   を満足するとき，A を上三角行列という．このとき，
   $$A = \begin{bmatrix} a_{11} & a_{12} & \cdots & a_{1n} \\ & a_{22} & \cdots & a_{2n} \\ & & \ddots & \vdots \\ O & & & a_{nn} \end{bmatrix}$$
   と表す．n 次正方行列 A, B が上三角行列のとき，次を示せ．
   - (1) $A+B$ は上三角行列
   - (2) AB は上三角行列

3. n 次正方行列 A の対角成分の和を
   $$\operatorname{tr} A = a_{11} + a_{22} + \cdots + a_{nn}$$
   とおく．数 k と n 次正方行列 A, B について，次を示せ．
   - (1) $\operatorname{tr} kA = k(\operatorname{tr} A)$
   - (2) $\operatorname{tr}(A+B) = \operatorname{tr} A + \operatorname{tr} B$
   - (3) $\operatorname{tr}(AB) = \operatorname{tr}(BA)$
   - (4) n 次正方行列 P, Q が $PQ = E$ (単位行列) を満足すれば，
     $$\operatorname{tr}(PAQ) = \operatorname{tr} A$$
   - (5) 成分がすべて実数である行列 (実行列) A に対して，
     $$\operatorname{tr}({}^t\!A A) \geqq 0$$

第5章

2次と3次の行列式

5.1 2次の連立1次方程式

x, y についての連立1次方程式

$$\begin{cases} a_1 x + b_1 y = c_1 & \cdots\cdots ① \\ a_2 x + b_2 y = c_2 & \cdots\cdots ② \end{cases}$$

において，y を消去するために ①$\times b_2$ − ②$\times b_1$ を計算すると

$$(a_1 b_2 - a_2 b_1) x = c_1 b_2 - c_2 b_1 \quad \cdots\cdots ③$$

ここで，$a_1 b_2 - a_2 b_1$ を $\begin{vmatrix} a_1 & b_1 \\ a_2 & b_2 \end{vmatrix}$ で表せば，③ の右辺は

$$c_1 b_2 - c_2 b_1 = \begin{vmatrix} c_1 & b_1 \\ c_2 & b_2 \end{vmatrix}$$

と表される．よって，$\begin{vmatrix} a_1 & b_1 \\ a_2 & b_2 \end{vmatrix} \neq 0$ のとき，③ の解 x は

$$x = \frac{\begin{vmatrix} c_1 & b_1 \\ c_2 & b_2 \end{vmatrix}}{\begin{vmatrix} a_1 & b_1 \\ a_2 & b_2 \end{vmatrix}}$$

と表すことができる．同様に，x を消去するために ①$\times a_2$ − ②$\times a_1$ を計算すると

$$(b_1 a_2 - b_2 a_1)y = c_1 a_2 - c_2 a_1$$

よって,

$$y = \frac{\begin{vmatrix} a_1 & c_1 \\ a_2 & c_2 \end{vmatrix}}{\begin{vmatrix} a_1 & b_1 \\ a_2 & b_2 \end{vmatrix}}$$

となる.

したがって,次の定理が示される.

定理 5.1 x, y についての連立 1 次方程式

$$\begin{cases} a_1 x + b_1 y = c_1 \\ a_2 x + b_2 y = c_2 \end{cases}$$

の解は $D = \begin{vmatrix} a_1 & b_1 \\ a_2 & b_2 \end{vmatrix} \neq 0$ であれば,

$$x = \frac{\begin{vmatrix} c_1 & b_1 \\ c_2 & b_2 \end{vmatrix}}{\begin{vmatrix} a_1 & b_1 \\ a_2 & b_2 \end{vmatrix}}, \quad y = \frac{\begin{vmatrix} a_1 & c_1 \\ a_2 & c_2 \end{vmatrix}}{\begin{vmatrix} a_1 & b_1 \\ a_2 & b_2 \end{vmatrix}}$$

で与えられる.

ここで,$\begin{vmatrix} a_1 & b_1 \\ a_2 & b_2 \end{vmatrix}$ は **2 次の行列式**と呼ばれる.
横の並びを**行**,縦の並びを**列**という.行列式

$$\begin{vmatrix} a_1 & b_1 \\ a_2 & b_2 \end{vmatrix} = a_1 b_2 - a_2 b_1$$

は図のように求めることができる (**サラスの方法**):

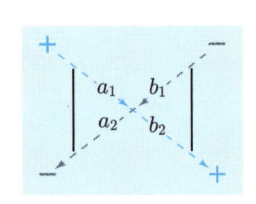

5.1 2次の連立1次方程式

例題 5.1 ――――――――――――――――――― 連立1次方程式の解 ―

x, y についての連立1次方程式

$$\begin{cases} 2x + y = 1 \\ -x + 2y = 1 \end{cases}$$

を解け.

解答 $D = \begin{vmatrix} 2 & 1 \\ -1 & 2 \end{vmatrix} = 2 \times 2 - 1 \times (-1) = 5 \neq 0$ だから,

$$x = \frac{\begin{vmatrix} 1 & 1 \\ 1 & 2 \end{vmatrix}}{\begin{vmatrix} 2 & 1 \\ -1 & 2 \end{vmatrix}} = \frac{1 \times 2 - 1 \times 1}{5} = \frac{1}{5}$$

$$y = \frac{\begin{vmatrix} 2 & 1 \\ -1 & 1 \end{vmatrix}}{\begin{vmatrix} 2 & 1 \\ -1 & 2 \end{vmatrix}} = \frac{2 \times 1 - 1 \times (-1)}{5} = \frac{3}{5}$$ □

問題

5.1 次の x, y についての連立1次方程式を解け.

(1) $\begin{cases} x + y = 2 \\ x - y = 2 \end{cases}$

(2) $\begin{cases} x + 2y = 3 \\ 4x + 5y = 6 \end{cases}$

(3) $\begin{cases} x + iy = 1 \\ ix + y = 1 \end{cases}$ $(i = \sqrt{-1})$

(4) $\begin{cases} ax + by = c \\ -bx + ay = d \end{cases}$ $(a^2 + b^2 \neq 0)$

例題 5.2 ─── 連立 1 次方程式の解 ───

2 つの直線
$$a_1 x + b_1 y + c_1 = 0, \qquad a_2 x + b_2 y + c_2 = 0$$
がただ 1 つの点で交わるための必要十分条件は $D = \begin{vmatrix} a_1 & b_1 \\ a_2 & b_2 \end{vmatrix} \neq 0$ であることを示せ.

解答 (必要条件) $D = \begin{vmatrix} a_1 & b_1 \\ a_2 & b_2 \end{vmatrix} = 0$ とすると, $a_1 b_2 - a_2 b_1 = 0$. よって, 2 つの直線の傾きが一致するので, 2 直線は平行であるかまたは一致する. したがって, ただ 1 つの点で交わることに矛盾する.

(十分条件) 2 直線の共有点は連立 1 次方程式
$$\begin{cases} a_1 x + b_1 y = -c_1 \\ a_2 x + b_2 y = -c_2 \end{cases}$$
の解である. そこで, $D = \begin{vmatrix} a_1 & b_1 \\ a_2 & b_2 \end{vmatrix} \neq 0$ のとき, 定理 5.1 より解はただ 1 つなので交点も 1 つだけである.

したがって, 2 直線がただ 1 点で交わるための必要十分条件は $D = \begin{vmatrix} a_1 & b_1 \\ a_2 & b_2 \end{vmatrix} \neq 0$ である. □

注意 上の解答で示したように, $D = 0$ のときは 2 直線は一致するかまたは平行である.

問題

5.2 2 直線
$$(k+1)x + y = 1, \qquad x + (k+1)y = -1$$
について,
(1) 2 直線がただ 1 点で交わるための k の条件を求めよ.
(2) 2 直線が平行であるときの k の値を求めよ.
(3) 2 直線が一致するときの k の値を求めよ.

5.2　2次の行列式の性質

2次の行列式 $\begin{vmatrix} a & b \\ c & d \end{vmatrix}$ の列と行を入れ替えてできる行列式 $\begin{vmatrix} a & c \\ b & d \end{vmatrix}$ について,

$$\begin{vmatrix} a & c \\ b & d \end{vmatrix} = ad - cb = \begin{vmatrix} a & b \\ c & d \end{vmatrix} \qquad \text{(行列式の転置)}$$

したがって，行列式において行と列を入れ替えてできる行列式は元の行列式と同じであることがわかる．

さらに，行列式は次のような基本的な性質をもつ．

> **定理 5.2**　2次の行列式において,
> (1) 2つの行 (または列) を入れ替えると行列式の符号が変わる．
> (2) 1つの行 (または列) の各成分が2つの数の和になっているとき，2つの行列式に分解できる．
> (3) 1つの行 (または列) が k 倍されると行列式も k 倍される．
> (4) 2つの行 (または列) が一致すると行列式は 0 である．
> (5) ある行 (または列) に他の行 (または列) の k 倍を加えても行列式は変わらない．

この定理を証明するには，次のような性質を示せばよい．

(1) 行列式 $\begin{vmatrix} a & b \\ c & d \end{vmatrix}$ の行を入れ替えると

$$\begin{vmatrix} c & d \\ a & b \end{vmatrix} = cb - ad = - \begin{vmatrix} a & b \\ c & d \end{vmatrix}$$

となるので，行列式の符号が変わる．

(2) 第1行が2つの数の和になっているとき，

$$\begin{vmatrix} a+a' & b+b' \\ c & d \end{vmatrix} = \begin{vmatrix} a & b \\ c & d \end{vmatrix} + \begin{vmatrix} a' & b' \\ c & d \end{vmatrix}$$

のように，2つの行列式に分解できる．

　この性質は行列式をそれぞれ展開して計算することによって示される．

(3) 行列式 $\begin{vmatrix} a & b \\ c & d \end{vmatrix}$ の第1行を k 倍すると

$$\begin{vmatrix} ka & kb \\ c & d \end{vmatrix} = (ka)d - (kb)c = k(ad - bc) = k\begin{vmatrix} a & b \\ c & d \end{vmatrix}$$

となるので，行列式が k 倍される．

(4) 2つの行が一致する行列式

$$\begin{vmatrix} a & b \\ a & b \end{vmatrix} = ab - ba = 0$$

となるので，行列式は 0 である．

(5) 行列式 $\begin{vmatrix} a & b \\ c & d \end{vmatrix}$ の第1行に第2行の k 倍を加えると (2) より

$$\begin{vmatrix} a+kc & b+kd \\ c & d \end{vmatrix} = \begin{vmatrix} a & b \\ c & d \end{vmatrix} + \begin{vmatrix} kc & kd \\ c & d \end{vmatrix}$$

ところで，

$$\begin{vmatrix} kc & kd \\ c & d \end{vmatrix} = (kc)d - (kd)c = 0$$

だから

$$\begin{vmatrix} a+kc & b+kd \\ c & d \end{vmatrix} = \begin{vmatrix} a & b \\ c & d \end{vmatrix}$$

となる．

(1)〜(5) の性質は列についても同様である．

5.2 2次の行列式の性質

例題 5.3 ─────────────── 行列式の計算 ─

次の等式を示せ.

$$\begin{vmatrix} a_1 - x & a_2 \\ a_3 & a_4 - x \end{vmatrix} = x^2 - (a_1 + a_4)x + \begin{vmatrix} a_1 & a_2 \\ a_3 & a_4 \end{vmatrix}$$

解答 左辺の行列式を展開すると

$$\begin{vmatrix} a_1 - x & a_2 \\ a_3 & a_4 - x \end{vmatrix} = (a_1 - x)(a_4 - x) - a_2 a_3$$
$$= (x^2 - a_1 x - a_4 x + a_1 a_4) - a_2 a_3$$
$$= x^2 - (a_1 + a_4)x + (a_1 a_4 - a_2 a_3)$$
$$= x^2 - (a_1 + a_4)x + \begin{vmatrix} a_1 & a_2 \\ a_3 & a_4 \end{vmatrix}$$

となる. □

問題

5.3 次の行列式を計算せよ.

(1) $\begin{vmatrix} 1 & 2 \\ 3 & 4 \end{vmatrix}$ (2) $\begin{vmatrix} 101 & 102 \\ 103 & 104 \end{vmatrix}$

(3) $\begin{vmatrix} 1 & i \\ i & 1 \end{vmatrix}$ (4) $\begin{vmatrix} 1+i & 1-i \\ 1-i & 1+i \end{vmatrix}$ $(i = \sqrt{-1})$

5.4 次の等式を示せ.

(1) $\begin{vmatrix} \alpha a_1 & \alpha a_2 \\ \alpha a_3 & \alpha a_4 \end{vmatrix} = \alpha^2 \begin{vmatrix} a_1 & a_2 \\ a_3 & a_4 \end{vmatrix}$

(2) $\begin{vmatrix} a_1 & a_2 \\ a_3 x + a_3 y & a_4 x + a_4 y \end{vmatrix} = x \begin{vmatrix} a_1 & a_2 \\ a_3 & a_4 \end{vmatrix} + y \begin{vmatrix} a_1 & a_2 \\ a_3 & a_4 \end{vmatrix}$

例題 5.4 ──外積と行列式

$e_1 = (1,0,0)$, $e_2 = (0,1,0)$, $e_3 = (0,0,1)$ とする．2つの空間ベクトル $a = (a_1, a_2, a_3)$, $b = (b_1, b_2, b_3)$ の外積は

$$a \times b = \begin{vmatrix} a_2 & a_3 \\ b_2 & b_3 \end{vmatrix} e_1 - \begin{vmatrix} a_1 & a_3 \\ b_1 & b_3 \end{vmatrix} e_2 + \begin{vmatrix} a_1 & a_2 \\ b_1 & b_2 \end{vmatrix} e_3$$

で与えられることを示せ．

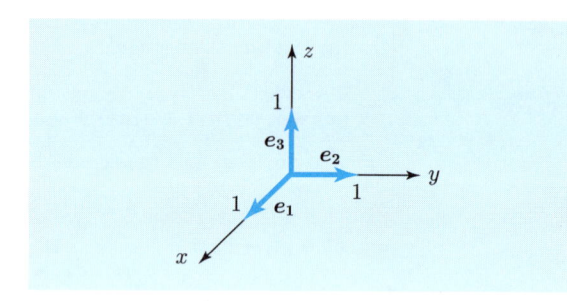

解答 空間ベクトル $a = (a_1, a_2, a_3)$, $b = (b_1, b_2, b_3)$ の外積は

$$\begin{aligned} a \times b &= (a_2 b_3 - a_3 b_2, -a_1 b_3 + a_3 b_1, a_1 b_2 - a_2 b_1) \\ &= (a_2 b_3 - a_2 b_2, 0, 0) + (0, -a_1 b_3 + a_3 b_1, 0) + (0, 0, a_1 b_2 - a_2 b_1) \\ &= (a_2 b_3 - a_2 b_2)(1,0,0) + (-a_1 b_3 + a_3 b_1)(0,1,0) + (a_1 b_2 - a_2 b_1)(0,0,1) \\ &= (a_2 b_3 - a_3 b_2) e_1 + (-a_1 b_3 + a_3 b_1) e_2 + (a_1 b_2 - a_2 b_1) e_3 \\ &= \begin{vmatrix} a_2 & a_3 \\ b_2 & b_3 \end{vmatrix} e_1 - \begin{vmatrix} a_1 & a_3 \\ b_1 & b_3 \end{vmatrix} e_2 + \begin{vmatrix} a_1 & a_2 \\ b_1 & b_2 \end{vmatrix} e_3 \end{aligned}$$

である． □

問題

5.5 2つの空間ベクトル $a = (1,2,3)$, $b = (2,3,4)$ について，外積 $a \times b$ を求めよ．

5.6 2つの平面ベクトル $\overrightarrow{OA} = (a_1, a_2)$, $\overrightarrow{OB} = (b_1, b_2)$ について，$\triangle OAB$ の面積を求めよ．

5.3　3次の連立1次方程式

x, y, z についての連立1次方程式

$$\begin{cases} a_1x + b_1y + c_1z = d_1 & \cdots\cdots ① \\ a_2x + b_2y + c_2z = d_2 & \cdots\cdots ② \\ a_3x + b_3y + c_3z = d_3 & \cdots\cdots ③ \end{cases}$$

において，② と ③ から

$$\begin{cases} b_2y + c_2z = d_2 - a_2x & \cdots\cdots ④ \\ b_3y + c_3z = d_3 - a_3x & \cdots\cdots ⑤ \end{cases}$$

となる．

よって，④ $\times c_3 -$ ⑤ $\times c_2$ より

$$y = \frac{(d_2 - a_2x)c_3 - (d_3 - a_3x)c_2}{b_2c_3 - b_3c_2} = \frac{(c_3d_2 - c_2d_3) - (a_2c_3 - a_3c_2)x}{b_2c_3 - b_3c_2}$$

$$= \frac{\begin{vmatrix} d_2 & c_2 \\ d_3 & c_3 \end{vmatrix} - \begin{vmatrix} a_2 & c_2 \\ a_3 & c_3 \end{vmatrix} x}{\begin{vmatrix} b_2 & c_2 \\ b_3 & c_3 \end{vmatrix}}$$

同様に ④ $\times b_3 -$ ⑤ $\times b_2$ より

$$z = \frac{(d_2 - a_2x)b_3 - (d_3 - a_3x)b_2}{c_2b_3 - c_3b_2} = \frac{(b_3d_2 - b_2d_3) - (a_2b_3 - a_3b_2)x}{c_2b_3 - c_3b_2}$$

$$= \frac{\begin{vmatrix} d_2 & b_2 \\ d_3 & b_3 \end{vmatrix} - \begin{vmatrix} a_2 & b_2 \\ a_3 & b_3 \end{vmatrix} x}{-\begin{vmatrix} b_2 & c_2 \\ b_3 & c_3 \end{vmatrix}}$$

これらを ① に代入すると

$$a_1 x + b_1 \times \dfrac{\begin{vmatrix} d_2 & c_2 \\ d_3 & c_3 \end{vmatrix} - \begin{vmatrix} a_2 & c_2 \\ a_3 & c_3 \end{vmatrix} x}{\begin{vmatrix} b_2 & c_2 \\ b_3 & c_3 \end{vmatrix}} + c_1 \times \dfrac{\begin{vmatrix} d_2 & b_2 \\ d_3 & b_3 \end{vmatrix} - \begin{vmatrix} a_2 & b_2 \\ a_3 & b_3 \end{vmatrix} x}{- \begin{vmatrix} b_2 & c_2 \\ b_3 & c_3 \end{vmatrix}} = d_1$$

よって,

$$\left(a_1 \begin{vmatrix} b_2 & c_2 \\ b_3 & c_3 \end{vmatrix} - b_1 \begin{vmatrix} a_2 & c_2 \\ a_3 & c_3 \end{vmatrix} + c_1 \begin{vmatrix} a_2 & b_2 \\ a_3 & b_3 \end{vmatrix} \right) x$$

$$= \left(d_1 \begin{vmatrix} b_2 & c_2 \\ b_3 & c_3 \end{vmatrix} - b_1 \begin{vmatrix} d_2 & c_2 \\ d_3 & c_3 \end{vmatrix} + c_1 \begin{vmatrix} d_2 & b_2 \\ d_3 & b_3 \end{vmatrix} \right) \qquad \cdots (*)$$

ここで, $(*)$ の左辺において

$$\boxed{a_1} \begin{vmatrix} b_2 & c_2 \\ b_3 & c_3 \end{vmatrix} - \boxed{b_1} \begin{vmatrix} a_2 & c_2 \\ a_3 & c_3 \end{vmatrix} + \boxed{c_1} \begin{vmatrix} a_2 & b_2 \\ a_3 & b_3 \end{vmatrix} = \begin{vmatrix} \boxed{a_1} & \boxed{b_1} & \boxed{c_1} \\ a_2 & b_2 & c_2 \\ a_3 & b_3 & c_3 \end{vmatrix}$$

と表そう. ここで a_1, a_2, a_3 を d_1, d_2, d_3 で置き換えると $(*)$ の右辺は

$$d_1 \begin{vmatrix} b_2 & c_2 \\ b_3 & c_3 \end{vmatrix} - b_1 \begin{vmatrix} d_2 & c_2 \\ d_3 & c_3 \end{vmatrix} + c_1 \begin{vmatrix} d_2 & b_2 \\ d_3 & b_3 \end{vmatrix} = \begin{vmatrix} d_1 & b_1 & c_1 \\ d_2 & b_2 & c_2 \\ d_3 & b_3 & c_3 \end{vmatrix}$$

と表される. よって, $\begin{vmatrix} a_1 & b_1 & c_1 \\ a_2 & b_2 & c_2 \\ a_3 & b_3 & c_3 \end{vmatrix} \neq 0$ のとき,

5.3 3次の連立1次方程式

$$x = \frac{\begin{vmatrix} d_1 & b_1 & c_1 \\ d_2 & b_2 & c_2 \\ d_3 & b_3 & c_3 \end{vmatrix}}{\begin{vmatrix} a_1 & b_1 & c_1 \\ a_2 & b_2 & c_2 \\ a_3 & b_3 & c_3 \end{vmatrix}}$$

x と y の役割を交換すると
$$y = \frac{\begin{vmatrix} d_1 & a_1 & c_1 \\ d_2 & a_2 & c_2 \\ d_3 & a_3 & c_3 \end{vmatrix}}{\begin{vmatrix} b_1 & a_1 & c_1 \\ b_2 & a_2 & c_2 \\ b_3 & a_3 & c_3 \end{vmatrix}}$$

同様に,
$$z = \frac{\begin{vmatrix} d_1 & b_1 & a_1 \\ d_2 & b_2 & a_2 \\ d_3 & b_3 & a_3 \end{vmatrix}}{\begin{vmatrix} c_1 & b_1 & a_1 \\ c_2 & b_2 & a_2 \\ c_3 & b_3 & a_3 \end{vmatrix}}$$

であることが示される．これらについては，後に，クラメルの公式としてまとめられる (5.5節)．上で定義された式

$$\begin{vmatrix} a_1 & b_1 & c_1 \\ a_2 & b_2 & c_2 \\ a_3 & b_3 & c_3 \end{vmatrix}$$

を **3次の行列式** という．この行列式において横の並びを順に第1行，第2行，第3行といい，縦の並びを順に第1列，第2列，第3列という．

例題 5.5 ──連立1次方程式の解──

x, y, z についての連立1次方程式

$$\begin{cases} 2x + y + z = 1 \\ x + 2y + z = 1 \\ x + y + 2z = 1 \end{cases}$$

について,

(1) $D = \begin{vmatrix} 2 & 1 & 1 \\ 1 & 2 & 1 \\ 1 & 1 & 2 \end{vmatrix}$ を計算せよ.

(2) 連立1次方程式において, x の値を求めよ.

解答 (1) $D = \begin{vmatrix} 2 & 1 & 1 \\ 1 & 2 & 1 \\ 1 & 1 & 2 \end{vmatrix} = 2 \times \begin{vmatrix} 2 & 1 \\ 1 & 2 \end{vmatrix} - 1 \times \begin{vmatrix} 1 & 1 \\ 1 & 2 \end{vmatrix} + 1 \times \begin{vmatrix} 1 & 2 \\ 1 & 1 \end{vmatrix}$

$= 2(4-1) - (2-1) + (1-2) = 4$

(2) $D \neq 0$ に注意すると

$x = \dfrac{1}{D} \begin{vmatrix} 1 & 1 & 1 \\ 1 & 2 & 1 \\ 1 & 1 & 2 \end{vmatrix}$

$= \dfrac{1}{4} \left(= 1 \times \begin{vmatrix} 2 & 1 \\ 1 & 2 \end{vmatrix} - 1 \times \begin{vmatrix} 1 & 1 \\ 1 & 2 \end{vmatrix} + 1 \times \begin{vmatrix} 1 & 2 \\ 1 & 1 \end{vmatrix} \right) = \dfrac{1}{4}$ □

問題

5.7 次の x, y, z についての連立1次方程式

$$\begin{cases} 3x + y + z = 1 \\ x + 3y + z = 1 \\ x + y + 3z = 1 \end{cases}$$

について,

(1) $D = \begin{vmatrix} 3 & 1 & 1 \\ 1 & 3 & 1 \\ 1 & 1 & 3 \end{vmatrix}$ を計算せよ.

(2) 連立1次方程式において, x の値を求めよ.

5.4 3次の行列式

前節で定義された式

$$\begin{vmatrix} a_1 & b_1 & c_1 \\ a_2 & b_2 & c_2 \\ a_3 & b_3 & c_3 \end{vmatrix} = a_1 \begin{vmatrix} b_2 & c_2 \\ b_3 & c_3 \end{vmatrix} - b_1 \begin{vmatrix} a_2 & c_2 \\ a_3 & c_3 \end{vmatrix} + c_1 \begin{vmatrix} a_2 & b_2 \\ a_3 & b_3 \end{vmatrix}$$

$$= a_1(b_2 c_3 - b_3 c_2) - b_1(a_2 c_3 - a_3 c_2) + c_1(a_2 b_3 - a_3 b_2)$$

$$= a_1 b_2 c_3 + c_1 a_2 b_3 + b_1 c_2 a_3 - a_1 c_2 b_3 - b_1 a_2 c_3 - c_1 b_2 a_3$$

を 3 次の行列式という.

定理 5.3 行列式において,行と列を入れ替えてできる行列式は変わらない.

すなわち,行列式 $\begin{vmatrix} a_1 & b_1 & c_1 \\ a_2 & b_2 & c_2 \\ a_3 & b_3 & c_3 \end{vmatrix}$ の行を列とする行列式は $\begin{vmatrix} a_1 & a_2 & a_3 \\ b_1 & b_2 & b_3 \\ c_1 & c_2 & c_3 \end{vmatrix}$ である. このとき,

$$\begin{vmatrix} a_1 & b_1 & c_1 \\ a_2 & b_2 & c_2 \\ a_3 & b_3 & c_3 \end{vmatrix} = \begin{vmatrix} a_1 & a_2 & a_3 \\ b_1 & b_2 & b_3 \\ c_1 & c_2 & c_3 \end{vmatrix}$$

実際,右辺は

$$\begin{vmatrix} a_1 & a_2 & a_3 \\ b_1 & b_2 & b_3 \\ c_1 & c_2 & c_3 \end{vmatrix} = a_1 \begin{vmatrix} b_2 & b_3 \\ c_2 & c_3 \end{vmatrix} - a_2 \begin{vmatrix} b_1 & b_3 \\ c_1 & c_3 \end{vmatrix} + a_3 \begin{vmatrix} b_1 & b_2 \\ c_1 & c_2 \end{vmatrix}$$

$$= a_1(b_2 c_3 - b_3 c_2) - a_2(b_1 c_3 - b_3 c_1) + a_3(b_1 c_2 - b_2 c_1)$$

$$= a_1 b_2 c_3 + a_2 b_3 c_1 + a_3 b_1 c_2 - a_1 b_3 c_2 - a_2 b_1 c_3 - a_3 b_2 c_1$$

$$= a_1(b_2 c_3 - b_3 c_2) + b_1(a_3 c_2 - a_2 c_3) + c_1(a_2 b_3 - a_3 b_2)$$

となるので左辺に一致する.

> **定理 5.4** 行列式において，2 つの行 (または列) を入れ替えると符号が変わる．

例えば，行列式 $\begin{vmatrix} a_1 & b_1 & c_1 \\ a_2 & b_2 & c_2 \\ a_3 & b_3 & c_3 \end{vmatrix}$ の第 1 行と第 2 行を入れ替えると $\begin{vmatrix} a_2 & b_2 & c_2 \\ a_1 & b_1 & c_1 \\ a_3 & b_3 & c_3 \end{vmatrix}$ である．この式を展開すると

$$\begin{vmatrix} a_2 & b_2 & c_2 \\ a_1 & b_1 & c_1 \\ a_3 & b_3 & c_3 \end{vmatrix} = a_2 \begin{vmatrix} b_1 & c_1 \\ b_3 & c_3 \end{vmatrix} - b_2 \begin{vmatrix} a_1 & c_1 \\ a_3 & c_3 \end{vmatrix} + c_2 \begin{vmatrix} a_1 & b_1 \\ a_3 & b_3 \end{vmatrix}$$

$$= a_2(b_1c_3 - b_3c_1) - b_2(a_1c_3 - a_3c_1) + c_2(a_1b_3 - a_3b_1)$$

$$= (a_1c_2b_3 + b_1a_2c_3 + c_1b_2a_3) - (a_1b_2c_3 + c_1a_2b_3 + b_1c_2a_3)$$

$$= -\{a_1(b_2c_3 - b_3c_2) - b_1(a_2c_3 - a_3c_2) + c_1(a_3b_2 - a_2b_3)\}$$

$$= - \begin{vmatrix} a_1 & b_1 & c_1 \\ a_2 & b_2 & c_2 \\ a_3 & b_3 & c_3 \end{vmatrix}$$

よって，符号が変わることが示された．

列については，定理 5.3 を用いて，行についての議論に置き換えればよい．

> **定理 5.5** 行列式において，2 つの行 (または列) が一致すれば，それは 0 である．

例えば，第 1 行と第 2 行が一致するとき，その 2 つの行を入れ替えると符号が変わることを利用すると

$$D = \begin{vmatrix} a & b & c \\ a & b & c \\ a_3 & b_3 & c_3 \end{vmatrix} = - \begin{vmatrix} a & b & c \\ a & b & c \\ a_3 & b_3 & c_3 \end{vmatrix} = -D$$

したがって，$2D = 0$ となるので，$D = 0$ である．

5.4　3次の行列式

定理 5.6　行列式のある行 (または列) を k 倍すると行列式も k 倍される.

例えば, 第 2 行を k 倍すると

$$\begin{vmatrix} a_1 & b_1 & c_1 \\ ka_2 & kb_2 & kc_2 \\ a_3 & b_3 & c_3 \end{vmatrix} = k \begin{vmatrix} a_1 & b_1 & c_1 \\ a_2 & b_2 & c_2 \\ a_3 & b_3 & c_3 \end{vmatrix}$$

実際, 左辺を計算すると

$$\begin{vmatrix} a_1 & b_1 & c_1 \\ ka_2 & kb_2 & kc_2 \\ a_3 & b_3 & c_3 \end{vmatrix}$$
$$= a_1(kb_2)c_3 + c_1(ka_2)b_3 + b_1(kc_2)a_3 - a_1(kc_2)b_3 - b_1(ka_2)c_3 - c_1(kb_2)a_3$$
$$= k(a_1b_2c_3 + c_1a_2b_3 + b_1c_2a_3 - a_1c_2b_3 - b_1a_2c_3 - c_1b_2a_3)$$
$$= k \begin{vmatrix} a_1 & b_1 & c_1 \\ a_2 & b_2 & c_2 \\ a_3 & b_3 & c_3 \end{vmatrix}$$

定理 5.7　行列式のある行が 2 つの数の和の形のとき, その行列式を 2 つに分解できる. 例えば,

$$\begin{vmatrix} (a_1 + a'_1) & (b_1 + b'_1) & (c_1 + c'_1) \\ a_2 & b_2 & c_2 \\ a_3 & b_3 & c_3 \end{vmatrix}$$
$$= \begin{vmatrix} a_1 & b_1 & c_1 \\ a_2 & b_2 & c_2 \\ a_3 & b_3 & c_3 \end{vmatrix} + \begin{vmatrix} a'_1 & b'_1 & c'_1 \\ a_2 & b_2 & c_2 \\ a_3 & b_3 & c_3 \end{vmatrix}$$

実際，左辺を展開すると

$$
\begin{aligned}
(左辺) &= (a_1 + a_1')(b_2c_3 - b_3c_2) - (b_1 + b_1')(a_2c_3 - a_3c_2) + (c_1 + c_1')(a_2b_3 - a_3b_2) \\
&= a_1(b_2c_3 - b_3c_2) - b_1(a_2c_3 - a_3c_2) + c_1(a_2b_3 - a_3b_2) \\
&\quad + a_1'(b_2c_3 - b_3c_2) - b_1'(a_2c_3 - a_3c_2) + c_1'(a_2b_3 - a_3b_2) \\
&= \begin{vmatrix} a_1 & b_1 & c_1 \\ a_2 & b_2 & c_2 \\ a_3 & b_3 & c_3 \end{vmatrix} + \begin{vmatrix} a_1' & b_1' & c_1' \\ a_2 & b_2 & c_2 \\ a_3 & b_3 & c_3 \end{vmatrix}
\end{aligned}
$$

> **定理 5.8** 行列式のある行 (または列) に他の行 (または列) の k 倍を加えても行列式は変わらない．

例えば，第1行に第3行の k 倍を加えると

$$
\begin{vmatrix} a_1 + ka_3 & b_1 + kb_3 & c_1 + kc_3 \\ a_2 & b_2 & c_2 \\ a_3 & b_3 & c_3 \end{vmatrix} = (*)
$$

これを，定理5.7を用いて，2つに分解すると

$$
(*) = \begin{vmatrix} a_1 & b_1 & c_1 \\ a_2 & b_2 & c_2 \\ a_3 & b_3 & c_3 \end{vmatrix} + \begin{vmatrix} ka_3 & kb_3 & kc_3 \\ a_2 & b_2 & c_2 \\ a_3 & b_3 & c_3 \end{vmatrix}
$$

右辺の第2項について定理5.6から

$$
\begin{vmatrix} ka_3 & kb_3 & kc_3 \\ a_2 & b_2 & c_2 \\ a_3 & b_3 & c_3 \end{vmatrix} = k \begin{vmatrix} a_3 & b_3 & c_3 \\ a_2 & b_2 & c_2 \\ a_3 & b_3 & c_3 \end{vmatrix}
$$

この右辺は第1行と第3行が一致するので定理5.5より0である．したがって，

$$
\begin{vmatrix} a_1 + ka_3 & b_1 + kb_3 & c_1 + kc_3 \\ a_2 & b_2 & c_2 \\ a_3 & b_3 & c_3 \end{vmatrix} = \begin{vmatrix} a_1 & b_1 & c_1 \\ a_2 & b_2 & c_2 \\ a_3 & b_3 & c_3 \end{vmatrix}
$$

5.4 3次の行列式

> 行列式の展開

3次の行列式は第1行による展開で定義された．一般に，行での展開は次のようになる．

[第1行による展開]

$$\begin{vmatrix} a_1 & b_1 & c_1 \\ a_2 & b_2 & c_2 \\ a_3 & b_3 & c_3 \end{vmatrix} = a_1 \begin{vmatrix} b_2 & c_2 \\ b_3 & c_3 \end{vmatrix} - b_1 \begin{vmatrix} a_2 & c_2 \\ a_3 & c_3 \end{vmatrix} + c_1 \begin{vmatrix} a_2 & b_2 \\ a_3 & b_3 \end{vmatrix}$$

[第2行による展開]

$$\begin{vmatrix} a_1 & b_1 & c_1 \\ a_2 & b_2 & c_2 \\ a_3 & b_3 & c_3 \end{vmatrix} = -a_2 \begin{vmatrix} b_1 & c_1 \\ b_3 & c_3 \end{vmatrix} + b_2 \begin{vmatrix} a_1 & c_1 \\ a_3 & c_3 \end{vmatrix} - c_2 \begin{vmatrix} a_1 & b_1 \\ a_3 & b_3 \end{vmatrix}$$

[第3行による展開]

$$\begin{vmatrix} a_1 & b_1 & c_1 \\ a_2 & b_2 & c_2 \\ a_3 & b_3 & c_3 \end{vmatrix} = a_3 \begin{vmatrix} b_1 & c_1 \\ b_2 & c_2 \end{vmatrix} - b_3 \begin{vmatrix} a_1 & c_1 \\ a_2 & c_2 \end{vmatrix} + c_3 \begin{vmatrix} a_1 & b_1 \\ a_2 & b_2 \end{vmatrix}$$

第2行による展開は，定理5.4を用いて，第2行と第1行を入れ替えると

$$\begin{vmatrix} a_1 & b_1 & c_1 \\ a_2 & b_2 & c_2 \\ a_3 & b_3 & c_3 \end{vmatrix} = - \begin{vmatrix} a_2 & b_2 & c_2 \\ a_1 & b_1 & c_1 \\ a_3 & b_3 & c_3 \end{vmatrix}$$

$$= -\left(a_2 \begin{vmatrix} b_1 & c_1 \\ b_3 & c_3 \end{vmatrix} - b_2 \begin{vmatrix} a_1 & c_1 \\ a_3 & c_3 \end{vmatrix} + c_2 \begin{vmatrix} a_1 & b_1 \\ a_3 & b_3 \end{vmatrix} \right)$$

から示される．同様に，第3行による展開は，

$$\begin{vmatrix} a_1 & b_1 & c_1 \\ a_2 & b_2 & c_2 \\ a_3 & b_3 & c_3 \end{vmatrix} = - \begin{vmatrix} a_1 & b_1 & c_1 \\ a_3 & b_3 & c_3 \\ a_2 & b_2 & c_2 \end{vmatrix} = \begin{vmatrix} a_3 & b_3 & c_3 \\ a_1 & b_1 & c_1 \\ a_2 & b_2 & c_2 \end{vmatrix}$$

$$= a_3 \begin{vmatrix} b_1 & c_1 \\ b_2 & c_2 \end{vmatrix} - b_3 \begin{vmatrix} a_1 & c_1 \\ a_2 & c_2 \end{vmatrix} + c_3 \begin{vmatrix} a_1 & b_1 \\ a_2 & b_2 \end{vmatrix}$$

となる．

同様に，列による展開も次のように与えられる．

[第1列による展開]

$$\begin{vmatrix} a_1 & b_1 & c_1 \\ a_2 & b_2 & c_2 \\ a_3 & b_3 & c_3 \end{vmatrix} = a_1 \begin{vmatrix} b_2 & c_2 \\ b_3 & c_3 \end{vmatrix} - a_2 \begin{vmatrix} b_1 & c_1 \\ b_3 & c_3 \end{vmatrix} + a_3 \begin{vmatrix} b_1 & c_1 \\ b_2 & c_2 \end{vmatrix}$$

[第2列による展開]

$$\begin{vmatrix} a_1 & b_1 & c_1 \\ a_2 & b_2 & c_2 \\ a_3 & b_3 & c_3 \end{vmatrix} = -b_1 \begin{vmatrix} a_2 & c_2 \\ a_3 & c_3 \end{vmatrix} + b_2 \begin{vmatrix} a_1 & c_1 \\ a_3 & c_3 \end{vmatrix} - b_3 \begin{vmatrix} a_1 & c_1 \\ a_2 & c_2 \end{vmatrix}$$

[第3列による展開]

$$\begin{vmatrix} a_1 & b_1 & c_1 \\ a_2 & b_2 & c_2 \\ a_3 & b_3 & c_3 \end{vmatrix} = c_1 \begin{vmatrix} a_2 & b_2 \\ a_3 & b_3 \end{vmatrix} - c_2 \begin{vmatrix} a_1 & b_1 \\ a_3 & b_3 \end{vmatrix} + c_3 \begin{vmatrix} a_1 & b_1 \\ a_2 & b_2 \end{vmatrix}$$

サラスの方法 行列式 $\begin{vmatrix} a_1 & b_1 & c_1 \\ a_2 & b_2 & c_2 \\ a_3 & b_3 & c_3 \end{vmatrix}$ は図のように計算することもできる．この方法は**サラスの方法**と呼ばれる．

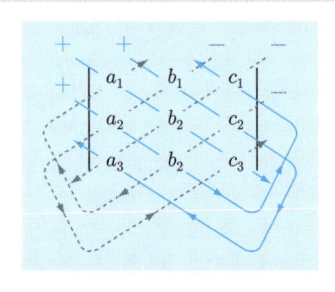

5.4 3次の行列式

例題 5.6 ─────────────────── 行列式の計算 ─

次の行列式を計算せよ.

(1) $\begin{vmatrix} 1 & 2 & 3 \\ 0 & 4 & 5 \\ 0 & 0 & 6 \end{vmatrix}$ (2) $\begin{vmatrix} 0 & 0 & 1 \\ 0 & 2 & 0 \\ 3 & 0 & 0 \end{vmatrix}$

(3) $\begin{vmatrix} 1 & 2 & 3 \\ 2 & 3 & 4 \\ 3 & 4 & 5 \end{vmatrix}$ (4) $\begin{vmatrix} 100 & 101 & 102 \\ 101 & 102 & 103 \\ 102 & 104 & 106 \end{vmatrix}$

解答

(1) 第 1 列は 0 が多いので,第 1 列で展開すると

$$\begin{vmatrix} 1 & 2 & 3 \\ 0 & 4 & 5 \\ 0 & 0 & 6 \end{vmatrix} = 1 \times \begin{vmatrix} 4 & 5 \\ 0 & 6 \end{vmatrix} - 0 \times \begin{vmatrix} 2 & 3 \\ 0 & 6 \end{vmatrix} + 0 \times \begin{vmatrix} 2 & 3 \\ 4 & 5 \end{vmatrix}$$
$$= 1 \times 4 \times 6 = 24$$

(2) 第 1 行は 0 が多いので,第 1 行で展開すると

$$\begin{vmatrix} 0 & 0 & 1 \\ 0 & 2 & 0 \\ 3 & 0 & 0 \end{vmatrix} = 0 \times \begin{vmatrix} 2 & 0 \\ 0 & 0 \end{vmatrix} - 0 \times \begin{vmatrix} 0 & 0 \\ 3 & 0 \end{vmatrix} + 1 \times \begin{vmatrix} 0 & 2 \\ 3 & 0 \end{vmatrix}$$
$$= 1 \times (-2 \times 3) = -6$$

(3) 定理 5.8 を利用して,第 2 行に第 1 行 $\times(-1)$ を加え (第 2 行から第 1 行を引き),その後第 3 行に第 1 行 $\times(-1)$ を加える (第 3 行から第 1 行を引く) と,

$$\begin{vmatrix} 1 & 2 & 3 \\ 2 & 3 & 4 \\ 3 & 4 & 5 \end{vmatrix} = \begin{vmatrix} 1 & 2 & 3 \\ 2-2 & 3-4 & 4-6 \\ 3 & 4 & 5 \end{vmatrix} \quad \text{(第 2 行 − 第 1 行}\times 2\text{)}$$

$$= \begin{vmatrix} 1 & 2 & 3 \\ 0 & -1 & -2 \\ 3-3 & 4-6 & 5-9 \end{vmatrix} \quad \text{(第 3 行 − 第 1 行}\times 3\text{)}$$

$$= \begin{vmatrix} 1 & 2 & 3 \\ 0 & -1 & -2 \\ 0 & -2 & -4 \end{vmatrix} = (*)$$

すると，第 1 列に 0 が多く現れるので第 1 列で展開すると

$$(*) = 1 \times \begin{vmatrix} -1 & -2 \\ -2 & -4 \end{vmatrix} = 0$$

(4) 第 2 行から第 1 行を引くと

$$\begin{vmatrix} 100 & 101 & 102 \\ 101 & 102 & 103 \\ 102 & 104 & 106 \end{vmatrix} = \begin{vmatrix} 100 & 101 & 102 \\ 101-100 & 102-101 & 103-102 \\ 102 & 104 & 106 \end{vmatrix}$$

$$= \begin{vmatrix} 100 & 101 & 102 \\ 1 & 1 & 1 \\ 102 & 104 & 106 \end{vmatrix}$$

$$= (*)$$

第 1 行から第 2 行の 100 倍を引き，第 3 行から第 2 行の 102 倍を引くと

$$(*) = \begin{vmatrix} 100-100 & 101-100 & 102-100 \\ 1 & 1 & 1 \\ 102-102 & 104-102 & 106-102 \end{vmatrix} = \begin{vmatrix} 0 & 1 & 2 \\ 1 & 1 & 1 \\ 0 & 2 & 4 \end{vmatrix}$$

第 1 列で展開すると

$$(*) = -1 \times \begin{vmatrix} 1 & 2 \\ 2 & 4 \end{vmatrix} = -(1 \times 4 - 2 \times 2) = 0 \qquad \square$$

問題

5.8 次の行列式を計算せよ．

(1) $\begin{vmatrix} a_1 & 0 & 0 \\ 0 & 0 & c_2 \\ 0 & b_3 & 0 \end{vmatrix}$
(2) $\begin{vmatrix} a_1 & b_1 & c_1 \\ 0 & b_2 & c_2 \\ 0 & 0 & c_3 \end{vmatrix}$

(3) $\begin{vmatrix} 101 & 102 & 103 \\ 104 & 105 & 106 \\ 107 & 108 & 109 \end{vmatrix}$
(4) $\begin{vmatrix} 1 & 2 & 3 \\ 1 & 2^2 & 3^2 \\ 1 & 2^3 & 3^3 \end{vmatrix}$

5.5 クラメルの公式

x, y, z についての連立 1 次方程式

$(*)$
$$\begin{cases} a_1 x + b_1 y + c_1 z = d_1 \\ a_2 x + b_2 y + c_2 z = d_2 \\ a_3 x + b_3 y + c_3 z = d_3 \end{cases}$$

の解は 5.3 節の結果を利用すると，次のように与えられる：

定理 5.9 (**クラメルの公式**) x, y, z についての連立 1 次方程式 $(*)$ の解は $D = \begin{vmatrix} a_1 & b_1 & c_1 \\ a_2 & b_2 & c_2 \\ a_3 & b_3 & c_3 \end{vmatrix} \neq 0$ であれば，

$$x = \frac{\begin{vmatrix} d_1 & b_1 & c_1 \\ d_2 & b_2 & c_2 \\ d_3 & b_3 & c_3 \end{vmatrix}}{\begin{vmatrix} a_1 & b_1 & c_1 \\ a_2 & b_2 & c_2 \\ a_3 & b_3 & c_3 \end{vmatrix}}, \quad y = \frac{\begin{vmatrix} a_1 & d_1 & c_1 \\ a_2 & d_2 & c_2 \\ a_3 & d_3 & c_3 \end{vmatrix}}{\begin{vmatrix} a_1 & b_1 & c_1 \\ a_2 & b_2 & c_2 \\ a_3 & b_3 & c_3 \end{vmatrix}}, \quad z = \frac{\begin{vmatrix} a_1 & b_1 & d_1 \\ a_2 & b_2 & d_2 \\ a_3 & b_3 & d_3 \end{vmatrix}}{\begin{vmatrix} a_1 & b_1 & c_1 \\ a_2 & b_2 & c_2 \\ a_3 & b_3 & c_3 \end{vmatrix}}$$

で与えられる．

クラメルの公式によると，解 x は D の第 1 列を $(*)$ の右辺に現れる d_1, d_2, d_3 でおきかえた行列式を D で割って得られる．同様に解 y は第 2 列を，解 z は D の第 3 列を d_1, d_2, d_3 でおきかえた行列式を D で割って得られる．

例題 5.7 ──────── 連立 1 次方程式の解 ─

x, y, z についての連立 1 次方程式

$$\begin{cases} 2x + y + z = 1 \\ x + 2y + z = 1 \\ x + y + 2z = 1 \end{cases}$$

を解け.

解答 $D = \begin{vmatrix} 2 & 1 & 1 \\ 1 & 2 & 1 \\ 1 & 1 & 2 \end{vmatrix} = 8 + 1 + 1 - (2 + 2 + 2) = 4 \neq 0$ だから,

$$x = \frac{\begin{vmatrix} 1 & 1 & 1 \\ 1 & 2 & 1 \\ 1 & 1 & 2 \end{vmatrix}}{D} = \frac{1}{4}, \quad y = \frac{\begin{vmatrix} 2 & 1 & 1 \\ 1 & 1 & 1 \\ 1 & 1 & 2 \end{vmatrix}}{D} = \frac{1}{4}, \quad z = \frac{\begin{vmatrix} 2 & 1 & 1 \\ 1 & 2 & 1 \\ 1 & 1 & 1 \end{vmatrix}}{D} = \frac{1}{4}$$

よって, $x = y = z = \dfrac{1}{4}$ である. □

問題

5.9 次の x, y, z についての連立 1 次方程式を解け.

(1) $\begin{cases} 3x + y + z = 0 \\ x + 3y + z = 2 \\ x + y + 3z = 3 \end{cases}$

(2) $\begin{cases} -x + y + z = 2 \\ x - y + z = 2 \\ x + y - z = 0 \end{cases}$

発展問題 5

1. $z^3 = 1$ の解を ω とするとき,行列式 $\begin{vmatrix} 1 & 1 & 1 \\ 1 & \omega & \omega^2 \\ 1 & \omega^2 & \omega \end{vmatrix}$ を求めよ.

2. $\boldsymbol{a} = (a_1, a_2, a_3)$, $\boldsymbol{b} = (b_1, b_2, b_3)$, $\boldsymbol{c} = (c_1, c_2, c_3)$ について,次を示せ.

   (1) $\boldsymbol{a} \cdot (\boldsymbol{b} \times \boldsymbol{c}) = \begin{vmatrix} a_1 & a_2 & a_3 \\ b_1 & b_2 & b_3 \\ c_1 & c_2 & c_3 \end{vmatrix}$

   (2) $\boldsymbol{a} \cdot (\boldsymbol{b} \times \boldsymbol{c}) = \boldsymbol{b} \cdot (\boldsymbol{c} \times \boldsymbol{a}) = \boldsymbol{c} \cdot (\boldsymbol{a} \times \boldsymbol{b})$

3. 3 直線 $a_1 x + b_1 y + c_1 = 0$, $a_2 x + b_2 y + c_2 = 0$, $a_3 x + b_3 y + c_3 = 0$ が 1 点で交わるとき, $\begin{vmatrix} a_1 & b_1 & c_1 \\ a_2 & b_2 & c_2 \\ a_3 & b_3 & c_3 \end{vmatrix} = 0$ を示せ.

4. $a_1 x + b_1 y + c_1 z + d_1 u = 0$, $a_2 x + b_2 y + c_2 z + d_2 u = 0$, $a_3 x + b_3 y + c_3 z + d_3 u = 0$ のとき, $x : y : z : u$ を求めよ.

5. $\begin{vmatrix} a_1 - \lambda & b_1 & c_1 \\ a_2 & b_2 - \lambda & c_2 \\ a_3 & b_3 & c_3 - \lambda \end{vmatrix} = -\lambda^3 + A\lambda^2 - B\lambda + C$ となる A, B, C を求めよ.

6. 次の行列式を因数分解せよ.

   (1) $\begin{vmatrix} 1 & a & b \\ 1 & a^2 & b^2 \\ 1 & a^3 & b^3 \end{vmatrix}$

   (2) $\begin{vmatrix} 1 & 1 & 1 \\ a & b & c \\ a^2 & b^2 & c^2 \end{vmatrix}$

   (3) $\begin{vmatrix} a+b & a & b \\ b & a+b & a \\ a & b & a+b \end{vmatrix}$

   (4) $\begin{vmatrix} 1 & a+b & ab \\ 1 & b+c & bc \\ 1 & c+a & ca \end{vmatrix}$

7. $ax^2 + bx + c = 0$, $x^3 - 1 = 0$ が共通解をもつとき, $\begin{vmatrix} a & b & c \\ c & a & b \\ b & c & a \end{vmatrix} = 0$ を示せ.

第6章

n 次行列式

6.1　n 次行列式

$n \times n$ 個の実数または複素数 a_{ij} を縦と横にそれぞれ n 個ずつ並べてできる行列式

$$\begin{vmatrix} a_{11} & a_{12} & \cdots & a_{1n} \\ a_{21} & a_{22} & \cdots & a_{2n} \\ \vdots & \vdots & \ddots & \vdots \\ a_{n1} & a_{n2} & \cdots & a_{nn} \end{vmatrix}$$

を n 次の行列式という．n 次の行列式において，横の並びを順に第 1 行，第 2 行，$\cdots$，第 n 行といい，縦の並びを順に第 1 列，第 2 列，$\cdots$，第 n 列という．第 i 行にありかつ第 j 列にある数 a_{ij} を (i,j) 成分または (i,j) 要素という．

2 次の行列式は

$$\begin{vmatrix} a_{11} & a_{12} \\ a_{21} & a_{22} \end{vmatrix} = a_{11}a_{22} - a_{12}a_{21}$$

であった．また，3 次の行列式は第 1 行で展開すると

$$\begin{vmatrix} a_{11} & a_{12} & a_{13} \\ a_{21} & a_{22} & a_{23} \\ a_{31} & a_{32} & a_{33} \end{vmatrix}$$

$$= a_{11} \begin{vmatrix} a_{22} & a_{23} \\ a_{32} & a_{33} \end{vmatrix} - a_{12} \begin{vmatrix} a_{21} & a_{23} \\ a_{31} & a_{33} \end{vmatrix} + a_{13} \begin{vmatrix} a_{21} & a_{22} \\ a_{31} & a_{32} \end{vmatrix}$$

のように，2 次の行列式の計算に帰着された．

6.1 n次行列式

そこで，$n \geq 4$ のとき，n 次の行列式は帰納的に $(n-1)$ 次の行列式を使って，次のように定めよう：

$$\begin{vmatrix} a_{11} & a_{12} & \cdots & a_{1n} \\ a_{21} & a_{22} & \cdots & a_{2n} \\ \vdots & \vdots & \ddots & \vdots \\ a_{n1} & a_{n2} & \cdots & a_{nn} \end{vmatrix} = a_{11} \begin{vmatrix} a_{22} & \cdots & a_{2n} \\ \vdots & \ddots & \vdots \\ a_{n2} & \cdots & a_{nn} \end{vmatrix} - a_{12} \begin{vmatrix} a_{21} & \cdots & a_{2n} \\ \vdots & \ddots & \vdots \\ a_{n1} & \cdots & a_{nn} \end{vmatrix}$$

$$+ \cdots + (-1)^{n-1} a_{1n} \begin{vmatrix} a_{21} & \cdots & a_{2(n-1)} \\ \vdots & \ddots & \vdots \\ a_{n1} & \cdots & a_{n(n-1)} \end{vmatrix}$$

右辺に現れる行列式において，行列式をより次数の小さい行列式に分解することを**行列式を展開**するという．

第 1 項は最初の n 次の行列式から

　　　　第 1 行と第 1 列を除いて得られる $(n-1)$ 次の行列式，

第 2 項は第 1 行と第 2 列を除いて得られる $(n-1)$ 次の行列式，

　　$\vdots$

第 n 項は第 1 行と第 n 列を除いて得られる $(n-1)$ 次の行列式

となっている．この定義によると，$n=2,3$ のとき，すでに与えられた行列式と一致し，さらに $n=4,5,\ldots$ と次々に行列式が帰納的に与えられることがわかる．

とくに，$n=4$ のとき，

$$\begin{vmatrix} a_{11} & a_{12} & a_{13} & a_{14} \\ a_{21} & a_{22} & a_{23} & a_{24} \\ a_{31} & a_{32} & a_{33} & a_{34} \\ a_{41} & a_{42} & a_{43} & a_{44} \end{vmatrix} = a_{11} \begin{vmatrix} a_{22} & a_{23} & a_{24} \\ a_{32} & a_{33} & a_{34} \\ a_{42} & a_{43} & a_{44} \end{vmatrix} - a_{12} \begin{vmatrix} a_{21} & a_{23} & a_{24} \\ a_{31} & a_{33} & a_{34} \\ a_{41} & a_{43} & a_{44} \end{vmatrix}$$

$$+ a_{13} \begin{vmatrix} a_{21} & a_{22} & a_{24} \\ a_{31} & a_{32} & a_{34} \\ a_{41} & a_{42} & a_{44} \end{vmatrix} - a_{14} \begin{vmatrix} a_{21} & a_{22} & a_{23} \\ a_{31} & a_{32} & a_{33} \\ a_{41} & a_{42} & a_{43} \end{vmatrix}$$

例題 6.1 — 行列式の計算

次の行列式を計算せよ．

(1) $\begin{vmatrix} 1 & 0 & 0 & 0 \\ 2 & 2 & 0 & 0 \\ 3 & 3 & 3 & 0 \\ 4 & 4 & 4 & 4 \end{vmatrix}$ (2) $\begin{vmatrix} 1 & 1 & 0 & 0 \\ 0 & 2 & 2 & 0 \\ 0 & 0 & 3 & 3 \\ 4 & 0 & 0 & 4 \end{vmatrix}$

解答 (1) 第 1 行において，$a_{12} = a_{13} = a_{14} = 0$ に注意すると

$$\begin{vmatrix} 1 & 0 & 0 & 0 \\ 2 & 2 & 0 & 0 \\ 3 & 3 & 3 & 0 \\ 4 & 4 & 4 & 4 \end{vmatrix} = 1 \times \begin{vmatrix} 2 & 0 & 0 \\ 3 & 3 & 0 \\ 4 & 4 & 4 \end{vmatrix} = 2 \times 3 \times 4 = 24$$

(2) 第 1 行において，$a_{13} = a_{14} = 0$ に注意すると

$$\begin{vmatrix} 1 & 1 & 0 & 0 \\ 0 & 2 & 2 & 0 \\ 0 & 0 & 3 & 3 \\ 4 & 0 & 0 & 4 \end{vmatrix} = 1 \times \begin{vmatrix} 2 & 2 & 0 \\ 0 & 3 & 3 \\ 0 & 0 & 4 \end{vmatrix} - 1 \times \begin{vmatrix} 0 & 2 & 0 \\ 0 & 3 & 3 \\ 4 & 0 & 4 \end{vmatrix}$$

$$= \left(2 \times \begin{vmatrix} 3 & 3 \\ 0 & 4 \end{vmatrix} - 2 \times \begin{vmatrix} 0 & 3 \\ 0 & 4 \end{vmatrix} \right) - \left(-2 \times \begin{vmatrix} 0 & 3 \\ 4 & 4 \end{vmatrix} \right)$$

$$= 2 \times (12 - 0) + 2 \times (0 - 12) = 0$$

問題

6.1 次の行列式を計算せよ．

(1) $\begin{vmatrix} 0 & 0 & 1 & 0 \\ 1 & 0 & 0 & 0 \\ 0 & 0 & 0 & 1 \\ 0 & 1 & 0 & 0 \end{vmatrix}$ (2) $\begin{vmatrix} 1 & 1 & 1 & 1 \\ 0 & 1 & 1 & 1 \\ 0 & 0 & 1 & 1 \\ 0 & 0 & 0 & 1 \end{vmatrix}$ (3) $\begin{vmatrix} 0 & 1 & 0 & 1 \\ 2 & 0 & 0 & 2 \\ 0 & 3 & 3 & 0 \\ 4 & 0 & 4 & 0 \end{vmatrix}$

6.1 n 次行列式

一般の n 次行列式の基本的な性質を整理しよう．

定理 6.1 n 次の行列式において，行と列を入れ替えても行列式は変わらない．すなわち，

$$\begin{vmatrix} a_{11} & a_{12} & \cdots & a_{1n} \\ a_{21} & a_{22} & \cdots & a_{2n} \\ \vdots & \vdots & \ddots & \vdots \\ a_{n1} & a_{n2} & \cdots & a_{nn} \end{vmatrix} = \begin{vmatrix} a_{11} & a_{21} & \cdots & a_{n1} \\ a_{12} & a_{22} & \cdots & a_{n2} \\ \vdots & \vdots & \ddots & \vdots \\ a_{1n} & a_{2n} & \cdots & a_{nn} \end{vmatrix}$$

証明 $n = 4$ のときを示そう．行列式の定義から，

$$\begin{vmatrix} a_{11} & a_{12} & a_{13} & a_{14} \\ a_{21} & a_{22} & a_{23} & a_{24} \\ a_{31} & a_{32} & a_{33} & a_{34} \\ a_{41} & a_{42} & a_{43} & a_{44} \end{vmatrix} = a_{11} \begin{vmatrix} a_{22} & a_{23} & a_{24} \\ a_{32} & a_{33} & a_{34} \\ a_{42} & a_{43} & a_{44} \end{vmatrix} - a_{12} \begin{vmatrix} a_{21} & a_{23} & a_{24} \\ a_{31} & a_{33} & a_{34} \\ a_{41} & a_{43} & a_{44} \end{vmatrix}$$

$$+ a_{13} \begin{vmatrix} a_{21} & a_{22} & a_{24} \\ a_{31} & a_{32} & a_{34} \\ a_{41} & a_{42} & a_{44} \end{vmatrix} - a_{14} \begin{vmatrix} a_{21} & a_{22} & a_{23} \\ a_{31} & a_{32} & a_{33} \\ a_{41} & a_{42} & a_{43} \end{vmatrix} = (*)$$

右辺の第 2 項, 第 3 項, 第 4 項を展開すると

$$(*) = a_{11} \begin{vmatrix} a_{22} & a_{23} & a_{24} \\ a_{32} & a_{33} & a_{34} \\ a_{42} & a_{43} & a_{44} \end{vmatrix}$$

$$- a_{12} \left(a_{21} \begin{vmatrix} a_{33} & a_{34} \\ a_{43} & a_{44} \end{vmatrix} - a_{31} \begin{vmatrix} a_{23} & a_{24} \\ a_{43} & a_{44} \end{vmatrix} + a_{41} \begin{vmatrix} a_{23} & a_{24} \\ a_{33} & a_{34} \end{vmatrix} \right)$$

$$+ a_{13} \left(a_{21} \begin{vmatrix} a_{32} & a_{34} \\ a_{42} & a_{44} \end{vmatrix} - a_{31} \begin{vmatrix} a_{22} & a_{24} \\ a_{42} & a_{44} \end{vmatrix} + a_{41} \begin{vmatrix} a_{22} & a_{24} \\ a_{32} & a_{34} \end{vmatrix} \right)$$

$$- a_{14} \left(a_{21} \begin{vmatrix} a_{32} & a_{33} \\ a_{42} & a_{43} \end{vmatrix} - a_{31} \begin{vmatrix} a_{22} & a_{23} \\ a_{42} & a_{43} \end{vmatrix} + a_{41} \begin{vmatrix} a_{22} & a_{23} \\ a_{32} & a_{33} \end{vmatrix} \right)$$

$$= (**)$$

a_{21} の項を整理すると

$$-a_{12}\begin{vmatrix} a_{33} & a_{34} \\ a_{43} & a_{44} \end{vmatrix} + a_{13}\begin{vmatrix} a_{32} & a_{34} \\ a_{42} & a_{44} \end{vmatrix} - a_{14}\begin{vmatrix} a_{32} & a_{33} \\ a_{42} & a_{43} \end{vmatrix}$$

$$= -\begin{vmatrix} a_{12} & a_{13} & a_{14} \\ a_{32} & a_{33} & a_{34} \\ a_{42} & a_{43} & a_{44} \end{vmatrix} = (***)$$

$n = 3$ のときには，行と列を入れ替えても行列式の値は変わらないので，

$$(***) = -\begin{vmatrix} a_{12} & a_{32} & a_{42} \\ a_{13} & a_{33} & a_{43} \\ a_{14} & a_{34} & a_{44} \end{vmatrix}$$

a_{31}, a_{41} の項についても同様に考えると

$$(**) = \boxed{a_{11}}\begin{vmatrix} a_{22} & a_{32} & a_{42} \\ a_{23} & a_{33} & a_{43} \\ a_{24} & a_{34} & a_{44} \end{vmatrix} - \boxed{a_{21}}\begin{vmatrix} a_{12} & a_{32} & a_{42} \\ a_{13} & a_{33} & a_{43} \\ a_{14} & a_{34} & a_{44} \end{vmatrix}$$

$$+ \boxed{a_{31}}\begin{vmatrix} a_{12} & a_{22} & a_{42} \\ a_{13} & a_{23} & a_{43} \\ a_{14} & a_{24} & a_{44} \end{vmatrix} - \boxed{a_{41}}\begin{vmatrix} a_{12} & a_{22} & a_{32} \\ a_{13} & a_{23} & a_{33} \\ a_{14} & a_{24} & a_{34} \end{vmatrix}$$

$$= \begin{vmatrix} a_{11} & a_{21} & a_{31} & a_{41} \\ a_{12} & a_{22} & a_{32} & a_{42} \\ a_{13} & a_{23} & a_{33} & a_{43} \\ a_{14} & a_{24} & a_{34} & a_{44} \end{vmatrix}$$

よって，$n = 4$ の場合が示された．

同様に，$n = 5, n = 6, \cdots$ と順次示すことができる．厳密には，数学的帰納法を適用して定理を証明することができる． □

6.1 n 次行列式

定理 6.1 によると，行列式は列について展開できることが示される．例えば，$n=4$ のとき第 1 列で展開すると，

$$\begin{vmatrix} a_{11} & a_{12} & a_{13} & a_{14} \\ a_{21} & a_{22} & a_{23} & a_{24} \\ a_{31} & a_{32} & a_{33} & a_{34} \\ a_{41} & a_{42} & a_{43} & a_{44} \end{vmatrix} = a_{11}\begin{vmatrix} a_{22} & a_{23} & a_{24} \\ a_{32} & a_{33} & a_{34} \\ a_{42} & a_{43} & a_{44} \end{vmatrix} - a_{21}\begin{vmatrix} a_{12} & a_{13} & a_{14} \\ a_{32} & a_{33} & a_{34} \\ a_{42} & a_{43} & a_{44} \end{vmatrix}$$

$$+ a_{31}\begin{vmatrix} a_{12} & a_{13} & a_{14} \\ a_{22} & a_{23} & a_{24} \\ a_{42} & a_{43} & a_{44} \end{vmatrix} - a_{41}\begin{vmatrix} a_{12} & a_{13} & a_{14} \\ a_{22} & a_{23} & a_{24} \\ a_{32} & a_{33} & a_{34} \end{vmatrix}$$

さらに，一般の行列式も 3 次の行列式と同じ性質をもつことが示される．

定理 6.2 n 次の行列式において，
(1) 2 つの行 (または列) を入れ替えると行列式の符号が変わる．
(2) 1 つの行 (または列) の各成分が 2 つの数の和になっているとき，2 つの行列式に分解できる．
(3) 1 つの行 (または列) が k 倍されると行列式も k 倍される．
(4) 2 つの行 (または列) が一致すると行列式は 0 である．
(5) ある行 (または列) に他の行 (または列) の k 倍を加えても行列式は変わらない．

$n=3$ のときに定理が成立することを用いて，$n=4$ のときの証明を与えよう．一般のときには，数学的帰納法を適用すればよい．

証明 (1) の証明：第 2 行，第 3 行，第 4 行のいずれか 2 つを入れ替えたときには，4 次の行列式の定義における 3 次の行列式の符号が変わることから示される．

そこで，第 1 行と第 2 行を入れ替えた場合を考えよう．行列式の定義から，

第 6 章 n 次行列式

$$\begin{vmatrix} a_{21} & a_{22} & a_{23} & a_{24} \\ a_{11} & a_{12} & a_{13} & a_{14} \\ a_{31} & a_{32} & a_{33} & a_{34} \\ a_{41} & a_{42} & a_{43} & a_{44} \end{vmatrix} = a_{21} \begin{vmatrix} a_{12} & a_{13} & a_{14} \\ a_{32} & a_{33} & a_{34} \\ a_{42} & a_{43} & a_{44} \end{vmatrix} - a_{22} \begin{vmatrix} a_{11} & a_{13} & a_{14} \\ a_{31} & a_{33} & a_{34} \\ a_{41} & a_{43} & a_{44} \end{vmatrix}$$

$$+ a_{23} \begin{vmatrix} a_{11} & a_{12} & a_{14} \\ a_{31} & a_{32} & a_{34} \\ a_{41} & a_{42} & a_{44} \end{vmatrix} - a_{24} \begin{vmatrix} a_{11} & a_{12} & a_{13} \\ a_{31} & a_{32} & a_{33} \\ a_{41} & a_{42} & a_{43} \end{vmatrix}$$

$$= a_{21} \left(a_{12} \begin{vmatrix} a_{33} & a_{34} \\ a_{43} & a_{44} \end{vmatrix} - a_{13} \begin{vmatrix} a_{32} & a_{34} \\ a_{42} & a_{44} \end{vmatrix} + a_{14} \begin{vmatrix} a_{32} & a_{33} \\ a_{42} & a_{43} \end{vmatrix} \right)$$

$$- a_{22} \left(a_{11} \begin{vmatrix} a_{33} & a_{34} \\ a_{43} & a_{44} \end{vmatrix} - a_{13} \begin{vmatrix} a_{31} & a_{34} \\ a_{41} & a_{44} \end{vmatrix} + a_{14} \begin{vmatrix} a_{31} & a_{33} \\ a_{41} & a_{43} \end{vmatrix} \right)$$

$$+ a_{23} \left(a_{11} \begin{vmatrix} a_{32} & a_{34} \\ a_{42} & a_{44} \end{vmatrix} - a_{12} \begin{vmatrix} a_{31} & a_{34} \\ a_{41} & a_{44} \end{vmatrix} + a_{14} \begin{vmatrix} a_{31} & a_{32} \\ a_{41} & a_{42} \end{vmatrix} \right)$$

$$- a_{24} \left(a_{11} \begin{vmatrix} a_{32} & a_{33} \\ a_{42} & a_{43} \end{vmatrix} - a_{12} \begin{vmatrix} a_{31} & a_{33} \\ a_{41} & a_{43} \end{vmatrix} + a_{13} \begin{vmatrix} a_{31} & a_{32} \\ a_{41} & a_{42} \end{vmatrix} \right) = (*)$$

a_{11} の項をまとめると

$$-a_{22} \begin{vmatrix} a_{33} & a_{34} \\ a_{43} & a_{44} \end{vmatrix} + a_{23} \begin{vmatrix} a_{32} & a_{34} \\ a_{42} & a_{44} \end{vmatrix} - a_{24} \begin{vmatrix} a_{32} & a_{33} \\ a_{42} & a_{43} \end{vmatrix}$$

$$= - \begin{vmatrix} a_{22} & a_{23} & a_{24} \\ a_{32} & a_{33} & a_{34} \\ a_{42} & a_{43} & a_{44} \end{vmatrix}$$

同様に, a_{12}, a_{13}, a_{14} の項をまとめて,

$$(*) = -a_{11} \begin{vmatrix} a_{22} & a_{23} & a_{24} \\ a_{32} & a_{33} & a_{34} \\ a_{42} & a_{43} & a_{44} \end{vmatrix} + a_{12} \begin{vmatrix} a_{21} & a_{23} & a_{24} \\ a_{31} & a_{33} & a_{34} \\ a_{41} & a_{43} & a_{44} \end{vmatrix}$$

$$- a_{13} \begin{vmatrix} a_{21} & a_{22} & a_{24} \\ a_{31} & a_{32} & a_{34} \\ a_{41} & a_{42} & a_{44} \end{vmatrix} + a_{14} \begin{vmatrix} a_{21} & a_{22} & a_{23} \\ a_{31} & a_{32} & a_{33} \\ a_{41} & a_{42} & a_{43} \end{vmatrix}$$

6.1 n 次行列式

$$= - \begin{vmatrix} a_{11} & a_{12} & a_{13} & a_{14} \\ a_{21} & a_{22} & a_{23} & a_{24} \\ a_{31} & a_{32} & a_{33} & a_{34} \\ a_{41} & a_{42} & a_{43} & a_{44} \end{vmatrix}$$

よって，第 1 行と第 2 行を入れ替えると符号だけが変わる．

また，第 1 行と第 3 行を入れ替えると，

$$\begin{vmatrix} a_{31} & a_{32} & a_{33} & a_{34} \\ a_{21} & a_{22} & a_{23} & a_{24} \\ a_{11} & a_{12} & a_{13} & a_{14} \\ a_{41} & a_{42} & a_{43} & a_{44} \end{vmatrix} = - \begin{vmatrix} a_{31} & a_{32} & a_{33} & a_{34} \\ a_{11} & a_{12} & a_{13} & a_{14} \\ a_{21} & a_{22} & a_{23} & a_{24} \\ a_{41} & a_{42} & a_{43} & a_{44} \end{vmatrix}$$

$$= \begin{vmatrix} a_{11} & a_{12} & a_{13} & a_{14} \\ a_{31} & a_{32} & a_{33} & a_{34} \\ a_{21} & a_{22} & a_{23} & a_{24} \\ a_{41} & a_{42} & a_{43} & a_{44} \end{vmatrix} = - \begin{vmatrix} a_{11} & a_{12} & a_{13} & a_{14} \\ a_{21} & a_{22} & a_{23} & a_{24} \\ a_{31} & a_{32} & a_{33} & a_{34} \\ a_{41} & a_{42} & a_{43} & a_{44} \end{vmatrix}$$

同様に，第 1 行と第 4 行を入れ替えたときも符号だけが変わることが示される．したがって，(1) が証明された．

(2) と (3) は，(1) よりも比較的簡単に示される．

(4) の証明： 行列式の値を α とおく．その行列式において一致する行 (または列) を入れ替えると符号が変わるが行列式の形は同じなので，

$$\alpha = -\alpha$$

が示される．したがって，$\alpha = 0$ である．

さらに，(5) は 3 次の行列式の場合と同様に示される．

(5) の証明： 例えば，第 1 行に第 3 行の k 倍を加えると

$$(*) \quad \begin{vmatrix} a_{11}+ka_{31} & a_{12}+ka_{32} & a_{13}+ka_{33} & a_{14}+ka_{44} \\ a_{21} & a_{22} & a_{23} & a_{24} \\ a_{31} & a_{32} & a_{33} & a_{34} \\ a_{41} & a_{42} & a_{43} & a_{44} \end{vmatrix}$$

(2) を用いて，これを 2 つの行列式に分解してから (3) を利用すると

$$(*) = \begin{vmatrix} a_{11} & a_{12} & a_{13} & a_{14} \\ a_{21} & a_{22} & a_{23} & a_{24} \\ a_{31} & a_{32} & a_{33} & a_{34} \\ a_{41} & a_{42} & a_{43} & a_{44} \end{vmatrix} + k \begin{vmatrix} a_{31} & a_{32} & a_{33} & a_{34} \\ a_{21} & a_{22} & a_{23} & a_{24} \\ a_{31} & a_{32} & a_{33} & a_{34} \\ a_{41} & a_{42} & a_{43} & a_{44} \end{vmatrix} = \begin{vmatrix} a_{11} & a_{12} & a_{13} & a_{14} \\ a_{21} & a_{22} & a_{23} & a_{24} \\ a_{31} & a_{32} & a_{33} & a_{34} \\ a_{41} & a_{42} & a_{43} & a_{44} \end{vmatrix}$$

□

例題 6.2 ─ 行列式の計算

次の行列式を計算せよ．

(1) $\begin{vmatrix} 1 & 1 & 1 & 1 \\ 0 & 2 & 2 & 2 \\ 0 & 0 & 3 & 3 \\ 0 & 0 & 0 & 4 \end{vmatrix}$ 　　(2) $\begin{vmatrix} 1 & 1 & 1 & 1 \\ 1 & 2 & 2 & 2 \\ 1 & 1 & 3 & 3 \\ 1 & 1 & 1 & 4 \end{vmatrix}$

解答 (1) 第 1 列に 0 が多いことに注目して，第 1 列で展開する (p.73 参照) と

$\begin{vmatrix} 1 & 1 & 1 & 1 \\ 0 & 2 & 2 & 2 \\ 0 & 0 & 3 & 3 \\ 0 & 0 & 0 & 4 \end{vmatrix} = 1 \times \begin{vmatrix} 2 & 2 & 2 \\ 0 & 3 & 3 \\ 0 & 0 & 4 \end{vmatrix} - 0 \times \begin{vmatrix} 1 & 1 & 1 \\ 0 & 3 & 3 \\ 0 & 0 & 4 \end{vmatrix}$

$+ 0 \times \begin{vmatrix} 1 & 1 & 1 \\ 2 & 2 & 2 \\ 0 & 0 & 4 \end{vmatrix} - 0 \times \begin{vmatrix} 1 & 1 & 1 \\ 2 & 2 & 2 \\ 0 & 3 & 3 \end{vmatrix}$

$= 1 \times \begin{vmatrix} 2 & 2 & 2 \\ 0 & 3 & 3 \\ 0 & 0 & 4 \end{vmatrix} = 1 \times 2 \times 3 \times 4 = 24$

(2) 第 2 行，第 3 行，第 4 行からそれぞれ第 1 行の (-1) 倍を加える (第 1 行を引く) と

$\begin{vmatrix} 1 & 1 & 1 & 1 \\ 1 & 2 & 2 & 2 \\ 1 & 1 & 3 & 3 \\ 1 & 1 & 1 & 4 \end{vmatrix} = \begin{vmatrix} 1 & 1 & 1 & 1 \\ 0 & 1 & 1 & 1 \\ 0 & 0 & 2 & 2 \\ 0 & 0 & 0 & 3 \end{vmatrix} = 1 \times \begin{vmatrix} 1 & 1 & 1 \\ 0 & 2 & 2 \\ 0 & 0 & 3 \end{vmatrix} = 1 \times 1 \times 2 \times 3 = 6$

問題

6.2 次の行列式を計算せよ．

(1) $\begin{vmatrix} 1 & 2 & 3 \\ 4 & 5 & 6 \\ 7 & 8 & 9 \end{vmatrix}$ 　　(2) $\begin{vmatrix} 1 & 2 & 3 & 4 \\ 2 & 3 & 4 & 5 \\ 3 & 4 & 5 & 6 \\ 4 & 5 & 6 & 7 \end{vmatrix}$ 　　(3) $\begin{vmatrix} 1 & 2 & 3 & 4 \\ 2 & 3 & 4 & 1 \\ 3 & 4 & 1 & 2 \\ 4 & 1 & 2 & 3 \end{vmatrix}$

例題 6.3 ──────────────── 行列式の計算

次の行列式を因数分解せよ.

(1) $\begin{vmatrix} a & 1 & 1 \\ 1 & a & 1 \\ 1 & 1 & a \end{vmatrix}$ (2) $\begin{vmatrix} a & 1 & 1 & 1 \\ 1 & a & 1 & 1 \\ 1 & 1 & a & 1 \\ 1 & 1 & 1 & a \end{vmatrix}$

解答 (1) 第 2 行, 第 3 行を第 1 行に加えると

$$A = \begin{vmatrix} a & 1 & 1 \\ 1 & a & 1 \\ 1 & 1 & a \end{vmatrix} = \begin{vmatrix} a+2 & a+2 & a+2 \\ 1 & a & 1 \\ 1 & 1 & a \end{vmatrix}$$

定理 6.2 (3) を利用すると

$$A = (a+2) \begin{vmatrix} 1 & 1 & 1 \\ 1 & a & 1 \\ 1 & 1 & a \end{vmatrix}$$

第 2 行, 第 3 行からそれぞれ第 1 行を引くと

$$A = (a+2) \begin{vmatrix} 1 & 1 & 1 \\ 0 & a-1 & 0 \\ 0 & 0 & a-1 \end{vmatrix} = (a+2)(a-1)^2$$

(2) 第 2 行, 第 3 行, 第 4 行を第 1 行に加えると

$$B = \begin{vmatrix} a & 1 & 1 & 1 \\ 1 & a & 1 & 1 \\ 1 & 1 & a & 1 \\ 1 & 1 & 1 & a \end{vmatrix} = \begin{vmatrix} a+3 & a+3 & a+3 & a+3 \\ 1 & a & 1 & 1 \\ 1 & 1 & a & 1 \\ 1 & 1 & 1 & a \end{vmatrix}$$

定理 6.2 (3) を利用すると

$$B = (a+3)\begin{vmatrix} 1 & 1 & 1 & 1 \\ 1 & a & 1 & 1 \\ 1 & 1 & a & 1 \\ 1 & 1 & 1 & a \end{vmatrix}$$

第 2 行, 第 3 行, 第 4 行からそれぞれ第 1 行を引くと

$$B = (a+3)\begin{vmatrix} 1 & 1 & 1 & 1 \\ 0 & a-1 & 0 & 0 \\ 0 & 0 & a-1 & 0 \\ 0 & 0 & 0 & a-1 \end{vmatrix}$$

$$= (a+3) \times 1 \times \begin{vmatrix} a-1 & 0 & 0 \\ 0 & a-1 & 0 \\ 0 & 0 & a-1 \end{vmatrix}$$

$$= (a+3)(a-1)^3$$

注意 (1) を定義にしたがって展開すると

$$A = a^3 + 1 + 1 - (a + a + a)$$
$$= a^3 - 3a + 2$$

これを因数分解してもよい.

(2) のときは定義にしたがって展開すると複雑な式になるので, 解答の方法がよい.

問題

6.3 次の行列式を因数分解せよ.

(1) $\begin{vmatrix} x & a & a \\ a & x & a \\ a & a & x \end{vmatrix}$
(2) $\begin{vmatrix} a & a & a & a \\ a & b & b & b \\ a & a & c & c \\ a & a & a & d \end{vmatrix}$
(3) $\begin{vmatrix} a & b & b & b \\ b & a & b & b \\ b & b & a & b \\ b & b & b & a \end{vmatrix}$

6.2 順列と符号

1 から n までの自然数を並べ替えてできる数列を**順列**という.

$n=2$ のときの順列は $1,2$ と $2,1$ の2つである.

$n=3$ のときの順列は $1,2,3;\ 1,3,2;\ 2,1,3;\ 2,3,1;\ 3,1,2;\ 3,2,1$ の6つである.

さて, n 次の順列の全体を $S(n)$ で表そう. このとき, $S(n)$ に属す順列は $n!$ 個あることがわかる.

相異なる自然数の列

$$n_1, n_2, \ldots, n_p$$

に対して, $i<j$ かつ $n_i > n_j$ となるような組 (i,j) の総数 N を**転倒数**という. n_1 の後にあり n_1 より小さいものの数を N_1, n_2 の後にあり n_2 より小さいものの数を N_2, $\cdots$, n_{p-1} の後にあり n_{p-1} より小さいものの数を N_{p-1} とすると,

$$N = N_1 + N_2 + \cdots + N_{p-1} \qquad \text{(転倒数の計算法)}$$

となる. ここで, $(-1)^N = +1$ のとき順列の**符号**は $+$, $(-1)^N = -1$ のとき順列の符号は $-$ という. 順列の符号は $\varepsilon(n_1, n_2, \ldots, n_p)$ で表す.

$n=3$ のとき

順列	1, 2, 3	1, 3, 2	2, 1, 3	2, 3, 1	3, 1, 2	3, 2, 1
転倒数	0	1	1	2	2	3
符号	+	−	−	+	+	−

ところで, 3次の行列式は

$$\begin{vmatrix} a_{11} & a_{12} & a_{13} \\ a_{21} & a_{22} & a_{23} \\ a_{31} & a_{32} & a_{33} \end{vmatrix} = a_{11}a_{22}a_{33} + a_{13}a_{21}a_{32} + a_{12}a_{23}a_{31}$$
$$- a_{11}a_{23}a_{32} - a_{12}a_{21}a_{33} - a_{13}a_{22}a_{31}$$

であるから，順列の符号を調べると

$$\begin{vmatrix} a_{11} & a_{12} & a_{13} \\ a_{21} & a_{22} & a_{23} \\ a_{31} & a_{32} & a_{33} \end{vmatrix} = \sum_{\sigma \in S(3)} \varepsilon(\sigma) a_{1\sigma(1)} a_{2\sigma(2)} a_{3\sigma(3)}$$

が成り立つ．

n 次の行列式についても同様の等式が成立することを示そう．n 次の順列 $\sigma \in S(n)$ を

$$\sigma = \bigl(\sigma(1), \sigma(2), \ldots, \sigma(n)\bigr)$$

と表そう．このとき，一般の行列式について，次の定理が成り立つ．

定理 6.3 n 次の行列式について

$$\begin{vmatrix} a_{11} & a_{12} & \cdots & a_{1n} \\ a_{21} & a_{22} & \cdots & a_{2n} \\ \vdots & \vdots & \ddots & \vdots \\ a_{n1} & a_{n2} & \cdots & a_{nn} \end{vmatrix} = \sum_{\sigma \in S(n)} \varepsilon(\sigma) a_{1\sigma(1)} a_{2\sigma(2)} \cdots a_{n\sigma(n)}$$

証明 $n=4$ のときを示そう．そこで，$\sigma \in S(4)$ とすると，$\sigma(1)=1,2,3,4$ の場合がある．

$\sigma(1)=1$ であるとき，$\sigma(2), \sigma(3), \sigma(4)$ は $2, 3, 4$ のいずれかである．このとき $\bigl(\sigma(2), \sigma(3), \sigma(4)\bigr)$ の転倒数と σ の転倒数は一致するので，

$$\Delta_1 = \sum_{\{\sigma \in S(4) : \sigma(1)=1\}} \varepsilon(\sigma) a_{1\sigma(1)} a_{2\sigma(2)} a_{3\sigma(3)} a_{4\sigma(4)}$$

$$= a_{11} \sum_{\{\sigma \in S(4) : \sigma(1)=1\}} \varepsilon(\sigma) a_{2\sigma(2)} a_{3\sigma(3)} a_{4\sigma(4)} = a_{11} \begin{vmatrix} a_{22} & a_{23} & a_{24} \\ a_{32} & a_{33} & a_{34} \\ a_{42} & a_{43} & a_{44} \end{vmatrix}$$

$\sigma(1)=2$ であるとき，$\sigma(2), \sigma(3), \sigma(4)$ は $1,3,4$ のいずれかである．$\sigma(1)$ の後に 1 があるので，$\bigl(\sigma(2), \sigma(3), \sigma(4)\bigr)$ の転倒数に 1 を加えたものが σ の転倒数である．したがって

6.2 順列と符号

$$\Delta_2 = \sum_{\{\sigma \in S(4) : \sigma(1)=2\}} \varepsilon(\sigma) a_{1\sigma(1)} a_{2\sigma(2)} a_{3\sigma(3)} a_{4\sigma(4)}$$

$$= -a_{12} \sum_{\big(\sigma(2), \sigma(3), \sigma(4)\big) \text{は } 1,3,4 \text{ の順列}} \varepsilon(\sigma(2), \sigma(3), \sigma(4)) a_{2\sigma(2)} a_{3\sigma(3)} a_{4\sigma(4)}$$

$$= -a_{12} \begin{vmatrix} a_{21} & a_{23} & a_{24} \\ a_{31} & a_{33} & a_{34} \\ a_{41} & a_{43} & a_{44} \end{vmatrix}$$

$\sigma(1) = 3$ であるとき, $(\sigma(2), \sigma(3), \sigma(4))$ は $1,2,4$ の順列である. $\sigma(1)$ の後に $1,2$ があるので, $(\sigma(2), \sigma(3), \sigma(4))$ の転倒数に 2 を加えたものが σ の転倒数であるから

$$\Delta_3 = \sum_{\{\sigma \in S(4) : \sigma(1)=3\}} \varepsilon(\sigma) a_{1\sigma(1)} a_{2\sigma(2)} a_{3\sigma(3)} a_{4\sigma(4)} = a_{13} \begin{vmatrix} a_{21} & a_{22} & a_{24} \\ a_{31} & a_{32} & a_{34} \\ a_{41} & a_{42} & a_{44} \end{vmatrix}$$

最後に, $\sigma(1) = 4$ であるとき, $(\sigma(2), \sigma(3), \sigma(4))$ は $1,2,3$ の順列である. $\sigma(1)$ の後に $1,2,3$ があるので, $(\sigma(2), \sigma(3), \sigma(4))$ の転倒数に 3 を加えたものが σ の転倒数であるから

$$\Delta_4 = \sum_{\{\sigma \in S(4) : \sigma(1)=4\}} \varepsilon(\sigma) a_{1\sigma(1)} a_{2\sigma(2)} a_{3\sigma(3)} a_{4\sigma(4)} = -a_{14} \begin{vmatrix} a_{21} & a_{22} & a_{23} \\ a_{31} & a_{32} & a_{33} \\ a_{41} & a_{42} & a_{43} \end{vmatrix}$$

したがって,

$$\sum_{\sigma \in S(4)} \varepsilon(\sigma) a_{1\sigma(1)} a_{2\sigma(2)} a_{3\sigma(3)} a_{4\sigma(4)} = \Delta_1 + \Delta_2 + \Delta_3 + \Delta_4$$

$$= a_{11} \begin{vmatrix} a_{22} & a_{23} & a_{24} \\ a_{32} & a_{33} & a_{34} \\ a_{42} & a_{43} & a_{44} \end{vmatrix} - a_{12} \begin{vmatrix} a_{21} & a_{23} & a_{24} \\ a_{31} & a_{33} & a_{34} \\ a_{41} & a_{43} & a_{44} \end{vmatrix}$$

$$+ a_{13} \begin{vmatrix} a_{21} & a_{22} & a_{24} \\ a_{31} & a_{32} & a_{34} \\ a_{41} & a_{42} & a_{44} \end{vmatrix} - a_{14} \begin{vmatrix} a_{21} & a_{22} & a_{23} \\ a_{31} & a_{32} & a_{33} \\ a_{41} & a_{42} & a_{43} \end{vmatrix}$$

$$= \begin{vmatrix} a_{11} & a_{12} & a_{13} & a_{14} \\ a_{21} & a_{22} & a_{23} & a_{24} \\ a_{31} & a_{32} & a_{33} & a_{34} \\ a_{41} & a_{42} & a_{43} & a_{44} \end{vmatrix}$$

例題 6.4 ─────────────────── 順列の転倒数と符号

(1) 順列 $\sigma = (2, 1, 4, 3)$ の転倒数と符号を求めよ.

(2) $\begin{vmatrix} 0 & a_{12} & 0 & 0 \\ a_{21} & 0 & 0 & 0 \\ 0 & 0 & 0 & a_{34} \\ 0 & 0 & a_{43} & 0 \end{vmatrix} = \varepsilon(\sigma) a_{1\sigma(1)} a_{2\sigma(2)} a_{3\sigma(3)} a_{4\sigma(4)}$ を示せ.

解答 (1) $\sigma = (2, 1, 4, 3)$ とすると,

$\sigma(1) = 2$ の後にあってこれより小さいものは 1 だけであるから $N_1 = 1$;

$\sigma(2) = 1$ の後にあってこれより小さいものはないから $N_2 = 0$;

$\sigma(3) = 4$ の後にあってこれより小さいものは 3 だけであるから $N_3 = 1$.

よって, 転倒数 $N = 1 + 0 + 1 = 2$ である. このとき, $(-1)^N = (-1)^2 = +1$ であるから, 符号は $\varepsilon(\sigma) = +$.

(2) 左辺の行列式は定義から

$\begin{vmatrix} 0 & a_{12} & 0 & 0 \\ a_{21} & 0 & 0 & 0 \\ 0 & 0 & 0 & a_{34} \\ 0 & 0 & a_{43} & 0 \end{vmatrix} = (-1) a_{12} \begin{vmatrix} a_{21} & 0 & 0 \\ 0 & 0 & a_{34} \\ 0 & a_{43} & 0 \end{vmatrix} = -a_{12} \times (-a_{34} a_{43} a_{21})$

$= a_{12} a_{21} a_{34} a_{43}$

(1) から $\varepsilon(\sigma) = +$, $\sigma(1) = 2$, $\sigma(2) = 1$, $\sigma(3) = 4$, $\sigma(4) = 3$ に注意すると求める等式が示される. □

問題

6.4 (1) 順列 $\sigma = (3, 2, 1)$ の転倒数と符号を求めよ.

(2) $\begin{vmatrix} 0 & 0 & a_{13} \\ 0 & a_{22} & 0 \\ a_{31} & 0 & 0 \end{vmatrix} = \varepsilon(\sigma) a_{1\sigma(1)} a_{2\sigma(2)} a_{3\sigma(3)}$ を示せ.

6.5 (1) 順列 $\sigma = (4, 3, 2, 1)$ の転倒数と符号を求めよ.

(2) $\begin{vmatrix} 0 & 0 & 0 & a_{14} \\ 0 & 0 & a_{23} & 0 \\ 0 & a_{32} & 0 & 0 \\ a_{41} & 0 & 0 & 0 \end{vmatrix} = \varepsilon(\sigma) a_{1\sigma(1)} a_{2\sigma(2)} a_{3\sigma(3)} a_{4\sigma(4)}$ を示せ.

6.3 余因子

n 次の行列式 $A = \begin{vmatrix} a_{11} & \cdots & a_{1i} & \cdots & a_{1j} & \cdots & a_{1n} \\ \vdots & & \vdots & & \vdots & & \vdots \\ a_{i1} & \cdots & a_{ii} & \cdots & a_{ij} & \cdots & a_{in} \\ \vdots & & \vdots & & \vdots & & \vdots \\ a_{j1} & \cdots & a_{ji} & \cdots & a_{jj} & \cdots & a_{jn} \\ \vdots & & \vdots & & \vdots & & \vdots \\ a_{n1} & \cdots & a_{ni} & \cdots & a_{nj} & \cdots & a_{nn} \end{vmatrix}$ において,

第 i 行と第 j 列を取り去ってできる $(n-1)$ 次の行列式に $(-1)^{i+j}$ をかけたものを (i, j) 余因子といい, A_{ij} と表す.

3 次の行列式について, 余因子を計算すると

$$A_{11} = (-1)^{1+1} \begin{vmatrix} a_{22} & a_{23} \\ a_{32} & a_{33} \end{vmatrix} = \begin{vmatrix} a_{22} & a_{23} \\ a_{32} & a_{33} \end{vmatrix}$$

$$A_{12} = (-1)^{1+2} \begin{vmatrix} a_{21} & a_{23} \\ a_{31} & a_{33} \end{vmatrix} = -\begin{vmatrix} a_{21} & a_{23} \\ a_{31} & a_{33} \end{vmatrix}$$

$$A_{13} = (-1)^{1+3} \begin{vmatrix} a_{21} & a_{22} \\ a_{31} & a_{32} \end{vmatrix} = \begin{vmatrix} a_{21} & a_{22} \\ a_{31} & a_{32} \end{vmatrix}$$

したがって, 第 1 行での展開について次が示される:

$$\begin{vmatrix} a_{11} & a_{12} & a_{13} \\ a_{21} & a_{22} & a_{23} \\ a_{31} & a_{32} & a_{33} \end{vmatrix} = a_{11} A_{11} + a_{12} A_{12} + a_{13} A_{13}$$

4 次の行列式を, 余因子を用いて表すと次のようになる:

$$\begin{vmatrix} a_{11} & a_{12} & a_{13} & a_{14} \\ a_{21} & a_{22} & a_{23} & a_{24} \\ a_{31} & a_{32} & a_{33} & a_{34} \\ a_{41} & a_{42} & a_{43} & a_{44} \end{vmatrix} = a_{11} A_{11} + a_{12} A_{12} + a_{13} A_{13} + a_{14} A_{14}$$

一般に，次の定理が成り立つ．

> **定理 6.4** n 次の行列式について，次が成り立つ．
> (1) [第 i 行による展開]
> $$\begin{vmatrix} a_{11} & a_{12} & \cdots & a_{1n} \\ \vdots & \vdots & & \vdots \\ a_{i1} & a_{i2} & \cdots & a_{in} \\ \vdots & \vdots & & \vdots \\ a_{n1} & a_{n2} & \cdots & a_{nn} \end{vmatrix} = a_{i1}A_{i1} + a_{i2}A_{i2} + \cdots + a_{in}A_{in}$$
>
> (2) [第 j 列による展開]
> $$\begin{vmatrix} a_{11} & \cdots & a_{1j} & \cdots & a_{1n} \\ a_{21} & \cdots & a_{2j} & \cdots & a_{2n} \\ \vdots & & \vdots & & \vdots \\ a_{n1} & \cdots & a_{nj} & \cdots & a_{nn} \end{vmatrix} = a_{1j}A_{1j} + a_{2j}A_{2j} + \cdots + a_{nj}A_{nj}$$

問題

6.6 3次の行列式 $A = \begin{vmatrix} a_{11} & a_{12} & a_{13} \\ a_{21} & a_{22} & a_{23} \\ a_{31} & a_{32} & a_{33} \end{vmatrix}$ について，次を計算せよ．

(1) $a_{11}A_{11} + a_{12}A_{12} + a_{13}A_{13}$
(2) $a_{21}A_{11} + a_{22}A_{12} + a_{23}A_{13}$
(3) $a_{31}A_{11} + a_{32}A_{12} + a_{33}A_{13}$
(4) $a_{11}A_{11} + a_{21}A_{21} + a_{31}A_{31}$
(5) $a_{12}A_{11} + a_{22}A_{21} + a_{32}A_{31}$
(6) $a_{13}A_{11} + a_{23}A_{21} + a_{33}A_{31}$

6.4 行列の積の行列式

定理 6.5 n 次の正方行列 A, B に対して，

$$|AB| = |A||B| \qquad \text{(行列の積の行列式)}$$

証明 $n = 2$ のときを示そう．$A = \begin{bmatrix} a_{11} & a_{12} \\ a_{21} & a_{22} \end{bmatrix}$, $B = \begin{bmatrix} b_{11} & b_{12} \\ b_{21} & b_{22} \end{bmatrix}$ のとき，

$$AB = \begin{bmatrix} a_{11}b_{11} + a_{12}b_{21} & a_{11}b_{12} + a_{12}b_{22} \\ a_{21}b_{11} + a_{22}b_{21} & a_{21}b_{12} + a_{22}b_{22} \end{bmatrix}$$

よって，

$$|AB| = \begin{vmatrix} a_{11}b_{11} + a_{12}b_{21} & a_{11}b_{12} + a_{12}b_{22} \\ a_{21}b_{11} + a_{22}b_{21} & a_{21}b_{12} + a_{22}b_{22} \end{vmatrix}$$

$$= \begin{vmatrix} a_{11}b_{11} & a_{11}b_{12} + a_{12}b_{22} \\ a_{21}b_{11} & a_{21}b_{12} + a_{22}b_{22} \end{vmatrix} + \begin{vmatrix} a_{12}b_{21} & a_{11}b_{12} + a_{12}b_{22} \\ a_{22}b_{21} & a_{21}b_{12} + a_{22}b_{22} \end{vmatrix}$$

$$= \begin{vmatrix} a_{11}b_{11} & a_{11}b_{12} \\ a_{21}b_{11} & a_{21}b_{12} \end{vmatrix} + \begin{vmatrix} a_{11}b_{11} & a_{12}b_{22} \\ a_{21}b_{11} & a_{22}b_{22} \end{vmatrix}$$

$$+ \begin{vmatrix} a_{12}b_{21} & a_{11}b_{12} \\ a_{22}b_{21} & a_{21}b_{12} \end{vmatrix} + \begin{vmatrix} a_{12}b_{21} & a_{12}b_{22} \\ a_{22}b_{21} & a_{22}b_{22} \end{vmatrix}$$

$$= b_{11}b_{12} \begin{vmatrix} a_{11} & a_{11} \\ a_{21} & a_{21} \end{vmatrix} + b_{11}b_{22} \begin{vmatrix} a_{11} & a_{12} \\ a_{21} & a_{22} \end{vmatrix}$$

$$+ b_{21}b_{12} \begin{vmatrix} a_{12} & a_{11} \\ a_{22} & a_{21} \end{vmatrix} + b_{21}b_{22} \begin{vmatrix} a_{12} & a_{12} \\ a_{22} & a_{22} \end{vmatrix}$$

$$= b_{11}b_{12} \times 0 + b_{11}b_{22}|A| + b_{21}b_{12}(-|A|) + b_{21}b_{22} \times 0$$

$$= |A|(b_{11}b_{22} - b_{21}b_{12}) = |A||B| \qquad \square$$

注意 n 次の正方行列 A, B に対して

$$|AB| = |BA|$$

が成立する (問題 6.7)．

例題 6.5 — 行列の積の行列式

A, B, C は n 次正方行列で，$AB = E$ とする．
(1) $|B| = |A|^{-1}$ を示せ．
(2) $|ACB| = |C|$ を示せ．

解答 (1) $|AB| = |E| = 1$ だから，定理 6.5 から
$$|A||B| = 1$$
したがって，$|B| = |A|^{-1}$．

(2) 定理 6.5 から，
$$|ACB| = |(AC)B| = |AC||B| = (*)$$
再び，定理 6.5 から
$$|AC| = |A||C| = |C||A|$$
である．(1) より
$$\begin{aligned}(*) &= (|C||A|)|B| = (|C||A|)|A|^{-1} \\ &= |C|(|A||A|^{-1}) \\ &= |C| \cdot 1 = |C|\end{aligned}$$

したがって，求める等式が示される． □

問題

6.7 n 次の正方行列 A, B に対して，$|AB| = |BA|$ を示せ．

6.8 A, B, P は n 次の正方行列で $BP = E$ のとき，自然数 n に対して，
(1) $(PAB)^n = PA^n B$ を示せ．
(2) $|(PAB)^n| = |A|^n$ を示せ．

6.9 行列 $A = \begin{bmatrix} a_1 & a_2 & a_3 \end{bmatrix}$，$B = \begin{bmatrix} b_1 \\ b_2 \\ b_3 \end{bmatrix}$ について，次を計算せよ．

(1) $|AB|$ (2) $|BA|$

6.5 逆 行 列

n 次の正方行列 A に対して，

$$XA = E$$

となる n 次の正方行列 X が存在するとき，A は**正則**であるという．
$|A|$ の余因子 A_{ij} からなる行列

$$\tilde{A} = \begin{bmatrix} A_{11} & A_{21} & \cdots & A_{n1} \\ A_{12} & A_{22} & \cdots & A_{n2} \\ \vdots & \vdots & \ddots & \vdots \\ A_{1n} & A_{2n} & \cdots & A_{nn} \end{bmatrix}$$

を A の**余因子行列**という．ここで，余因子の並び方に注意しよう．

定理 6.4 から，

$$A\tilde{A} = \tilde{A}A = |A|E \qquad \text{（余因子行列の性質）}$$

であることが示される ($n = 3$ のときは，問題 6.6 より示される)．

定理 6.6 n 次の正方行列 A について，次は同値である．
(1) A は正則である．
(2) $|A| \neq 0$ である．

証明 (1) $\Rightarrow$ (2)：A は正則と仮定すると

$$XA = E$$

となる n 次の正方行列 X が存在する．このとき，

$$|XA| = |E|$$

よって，

$$|X||A| = 1$$

したがって，$|A| \neq 0$ である．

(2) ⇒ (1)： $|A| \neq 0$ と仮定する．A の余因子行列 $\tilde{A}$ を用いて，

$$X = \frac{1}{|A|}\tilde{A}$$

とおくと，余因子行列の性質 (p.87) から

$$XA = \left(\frac{1}{|A|}\tilde{A}\right)A = \frac{1}{|A|}\left(\tilde{A}A\right) = \frac{1}{|A|}(|A|E) = E$$

したがって，A は正則である． □

A が正則であるとき，$\dfrac{1}{|A|}\tilde{A}$ を A の**逆行列**といい，A^{-1} で表す：

$$A^{-1} = \frac{1}{|A|}\tilde{A} \qquad \text{(逆行列)}$$

このとき，次式が成り立つ．

$$A^{-1}A = AA^{-1} = E \qquad \text{(逆行列の性質)}$$

定理 6.7 n 次の正則行列 A, B について，
(1) AB は正則で，$(AB)^{-1} = B^{-1}A^{-1}$ である．
(2) A^{-1} は正則で，$\left(A^{-1}\right)^{-1} = A$ である．

〔証明〕 (1)

$$(B^{-1}A^{-1})(AB) = B^{-1}(A^{-1}A)B = B^{-1}EB = B^{-1}B = E$$

より，AB は正則でその逆行列は $B^{-1}A^{-1}$ である．
(2) $AA^{-1} = E$ だから，A^{-1} の左にある A が A^{-1} の逆行列であるから

$$\left(A^{-1}\right)^{-1} = A$$

また，A^{-1} は逆行列をもつので正則である． □

6.5 逆行列

転置行列について，次が成り立つ．

定理 6.8 n 次の正則行列 A, B について，
(1) ${}^tA$ は正則で，$({}^tA)^{-1} = {}^t(A^{-1})$ である．
(2) $\left({}^t(AB)\right)^{-1} = ({}^tA)^{-1}({}^tB)^{-1}$ である．

例題 6.6 ─────────────── 逆行列 ─

$ad - bc \neq 0$ のとき，$A = \begin{bmatrix} a & b \\ c & d \end{bmatrix}$ の逆行列を求めよ．

解答 $|A| = ad - bc$ かつ

$$A_{11} = (-1)^{1+1}d = d, \quad A_{12} = (-1)^{1+2}c = -c$$

$$A_{21} = (-1)^{2+1}b = -b, \quad A_{22} = (-1)^{2+2}a = a$$

だから，

$$A^{-1} = \frac{1}{|A|} \begin{bmatrix} A_{11} & A_{21} \\ A_{12} & A_{22} \end{bmatrix} = \frac{1}{ad-bc} \begin{bmatrix} d & -b \\ -c & a \end{bmatrix} \qquad \square$$

問題

6.10 次の行列の逆行列を求めよ．

(1) $\begin{bmatrix} \cos\theta & -\sin\theta \\ \sin\theta & \cos\theta \end{bmatrix}$ (2) $\begin{bmatrix} \cos\theta & -\sin\theta & 0 \\ \sin\theta & \cos\theta & 0 \\ 0 & 0 & 1 \end{bmatrix}$

6.11 余因子を求めて，次の行列の逆行列を求めよ．

(1) $\begin{bmatrix} 0 & 0 & 1 \\ 0 & 1 & 0 \\ 1 & 0 & 0 \end{bmatrix}$ (2) $\begin{bmatrix} 1 & 1 & 1 \\ 0 & 2 & 2 \\ 0 & 0 & 3 \end{bmatrix}$

6.12 n 次の正則行列 A, B, C に対して，ABC の逆行列を求めよ．

発展問題 6

1 (1) 順列 $\iota = (1, 2, \ldots, n)$ において, i と j を入れ替えて得られる順列を τ とするとき, τ の転倒数と符号を求めよ.

(2) 順列 $\sigma = (\sigma(1), \sigma(2), \ldots, \sigma(n))$ において, $\sigma(i)$ と $\sigma(j)$ を入れ替えて得られる順列を σ' とするとき,

$$\varepsilon(\sigma') = -\varepsilon(\sigma)$$

を示せ.

2 次の行列式を計算せよ.

(1) $D = \begin{vmatrix} 0 & a & b \\ -a & 0 & c \\ -b & -c & 0 \end{vmatrix}$
(2) $G = \begin{vmatrix} 0 & a & b & c \\ -a & 0 & d & e \\ -b & -d & 0 & f \\ -c & -e & -f & 0 \end{vmatrix}$

(3) $K = \begin{vmatrix} 0 & a & b & c & d \\ -a & 0 & e & f & g \\ -b & -e & 0 & h & i \\ -c & -f & -h & 0 & j \\ -d & -g & -i & -j & 0 \end{vmatrix}$

3 $\begin{vmatrix} a_{11} & a_{12} & \cdots & a_{1n} \\ a_{21} & a_{22} & \cdots & a_{2n} \\ \vdots & \vdots & \ddots & \vdots \\ a_{n1} & a_{n2} & \cdots & a_{nn} \end{vmatrix}$ の (i, j) 余因子を A_{ij} とするとき,

$$\begin{vmatrix} a_{11} & a_{12} & \cdots & a_{1n} & x_1 \\ a_{21} & a_{22} & \cdots & a_{2n} & x_2 \\ \vdots & \vdots & \ddots & \vdots & \vdots \\ a_{n1} & a_{n2} & \cdots & a_{nn} & x_n \\ y_1 & y_2 & \cdots & y_n & 0 \end{vmatrix} = -\sum_{i,j=1}^{n} A_{ij} x_i y_j$$

を示せ.

4 $x_1^2 + x_2^2 + x_3^2 + x_4^2 = 1$ のとき，次を示せ．

$$\begin{vmatrix} x_1^2 - 1 & x_1 x_2 & x_1 x_3 & x_1 x_4 \\ x_2 x_1 & x_2^2 - 1 & x_2 x_3 & x_2 x_4 \\ x_3 x_1 & x_3 x_2 & x_3^2 - 1 & x_3 x_4 \\ x_4 x_1 & x_4 x_2 & x_4 x_3 & x_4^2 - 1 \end{vmatrix} = 0$$

5 (1) $\begin{vmatrix} 1 & a & a^2 & a^3 \\ 1 & b & b^2 & b^3 \\ 1 & c & c^2 & c^3 \\ 1 & d & d^2 & d^3 \end{vmatrix}$ を因数分解せよ．

   (2) 行列式 $\begin{vmatrix} 1 & 2 & 2^2 & 2^3 \\ 1 & 3 & 3^2 & 3^3 \\ 1 & 4 & 4^2 & 4^3 \\ 1 & 5 & 5^2 & 5^3 \end{vmatrix}$ を次の方法で求めよ．

   (a) (1) の結果　　(b) Excel

6 空間の 4 点 A(x_1, y_1, z_1), B(x_2, y_2, z_2), C(x_3, y_3, z_3), D(x_4, y_4, z_4) が作る四面体の体積は

$$\frac{1}{6} \begin{vmatrix} 1 & x_1 & y_1 & z_1 \\ 1 & x_2 & y_2 & z_2 \\ 1 & x_3 & y_3 & z_3 \\ 1 & x_4 & y_4 & z_4 \end{vmatrix}$$

の絶対値で与えられることを示せ．

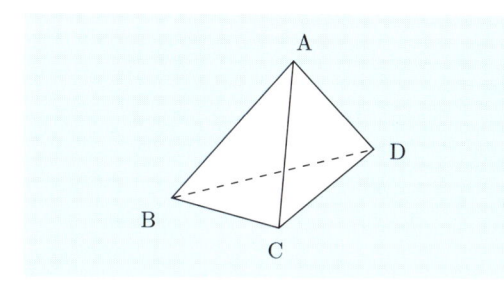

7 空間の 3 点 $(x_1, y_1, z_1), (x_2, y_2, z_2), (x_3, y_3, z_3)$ を通る平面の方程式は

$$\begin{vmatrix} 1 & x_1 & y_1 & z_1 \\ 1 & x_2 & y_2 & z_2 \\ 1 & x_3 & y_3 & z_3 \\ 1 & x & y & z \end{vmatrix} = 0$$

で与えられることを示せ.

8 3 点 $(x_1, y_1), (x_2, y_2), (x_3, y_3)$ を通る円の方程式は

$$\begin{vmatrix} 1 & 1 & 1 & 1 \\ x & x_1 & x_2 & x_3 \\ y & y_1 & y_2 & y_3 \\ x^2+y^2 & x_1^2+y_1^2 & x_2^2+y_2^2 & x_3^2+y_2^2 \end{vmatrix} = 0$$

で与えられることを示せ.

9 4 次の正方行列 A が 2 次の正方行列によって,

$$A = \begin{bmatrix} A_{11} & O \\ O & A_{22} \end{bmatrix}$$

と表されているとき, A の逆行列を求めよ.

10 n 次の正方行列 A の余因子行列 $\tilde{A}$ について,

$$|\tilde{A}| = |A|^{n-1}$$

を示せ.

第7章

連立1次方程式の解法

7.1 連立1次方程式

n 個の未知変数 $x_1, x_2, \ldots, x_n$ に関する連立1次方程式

$$(*) \quad \begin{cases} a_{11}x_1 + a_{12}x_2 + \cdots + a_{1n}x_n = b_1 \\ a_{21}x_1 + a_{22}x_2 + \cdots + a_{2n}x_n = b_2 \\ \qquad\qquad\qquad\qquad\qquad\qquad\vdots \\ a_{m1}x_1 + a_{m2}x_2 + \cdots + a_{mn}x_n = b_m \end{cases}$$

を考える.ここで,

$$A = \begin{bmatrix} a_{11} & a_{12} & \cdots & a_{1n} \\ a_{21} & a_{22} & \cdots & a_{2n} \\ \vdots & \vdots & \ddots & \vdots \\ a_{m1} & a_{m2} & \cdots & a_{mn} \end{bmatrix}, \quad \boldsymbol{x} = \begin{bmatrix} x_1 \\ x_2 \\ \vdots \\ x_n \end{bmatrix}, \quad \boldsymbol{b} = \begin{bmatrix} b_1 \\ b_2 \\ \vdots \\ b_m \end{bmatrix}$$

とおくと,連立1次方程式 $(*)$ は

$$\boldsymbol{A}\boldsymbol{x} = \boldsymbol{b} \qquad \text{(行列表示)}$$

と行列表示される.ここで,A を**係数行列**,A に $\boldsymbol{b}$ を付け加えてできる行列

$$(**) \quad \begin{bmatrix} A & \boldsymbol{b} \end{bmatrix} = \begin{bmatrix} a_{11} & a_{12} & \cdots & a_{1n} & b_1 \\ a_{21} & a_{22} & \cdots & a_{2n} & b_2 \\ \vdots & \vdots & \ddots & \vdots & \vdots \\ a_{m1} & a_{m2} & \cdots & a_{mn} & b_m \end{bmatrix}$$

を**拡大係数行列**という．

係数行列 A の列ベクトルによる表示 (4.5 節 (p.41))

$$A = \begin{bmatrix} a_1 & a_2 & \cdots & a_n \end{bmatrix}$$

を用いると，連立 1 次方程式は

$$x_1 a_1 + x_2 a_2 + \cdots + x_n a_n = b$$

(連立 1 次方程式の列ベクトル表示)

と表される．

問題

7.1 次の連立 1 次方程式の行列表示を求めよ．さらに，拡大係数行列を書け．

(1) $\begin{cases} 2x_1 + x_2 + x_3 = 1 \\ x_1 + 2x_2 + x_3 = 2 \\ x_1 + x_2 + 2x_3 = 3 \end{cases}$

(2) $\begin{cases} x_1 = 1 \\ 2x_2 = 1 \\ 3x_3 = 1 \end{cases}$

7.2 拡大係数行列が次で与えられる連立 1 次方程式を作れ．

(1) $\begin{bmatrix} 1 & -2 & 1 & 3 \\ 1 & 1 & -2 & 2 \\ -2 & 1 & 1 & 1 \end{bmatrix}$

(2) $\begin{bmatrix} 0 & 0 & 1 & 1 & 1 \\ 1 & 1 & -1 & -1 & 1 \\ -1 & -1 & 0 & 0 & 1 \end{bmatrix}$

7.2 掃き出し法による連立1次方程式の解法

連立1次方程式

(1) $\begin{cases} x_1 + x_2 + 2x_3 = 1 & \cdots\cdots ① \\ x_1 + 2x_2 + x_3 = -2 & \cdots\cdots ② \\ 2x_1 + x_2 + x_3 = 1 & \cdots\cdots ③ \end{cases}$

を掃き出し法を用いて解いてみよう．

ここで，

$$A = \begin{bmatrix} 1 & 1 & 2 \\ 1 & 2 & 1 \\ 2 & 1 & 1 \end{bmatrix}, \quad \boldsymbol{x} = \begin{bmatrix} x_1 \\ x_2 \\ x_3 \end{bmatrix}, \quad \boldsymbol{b} = \begin{bmatrix} 1 \\ -2 \\ 1 \end{bmatrix}$$

とおくと，

$$A\boldsymbol{x} = \boldsymbol{b}$$

と行列表示される．拡大係数行列は次のようになる：

$$\begin{bmatrix} A & \boldsymbol{b} \end{bmatrix} = \begin{bmatrix} 1 & 1 & 2 & 1 \\ 1 & 2 & 1 & -2 \\ 2 & 1 & 1 & 1 \end{bmatrix}$$

② を ② − ① で置き換えると連立1次方程式 (1) は次のように変形される：

(2) $\begin{cases} x_1 + x_2 + 2x_3 = 1 & \cdots\cdots ④=① \\ x_2 - x_3 = -3 & \cdots\cdots ⑤=②-① \\ 2x_1 + x_2 + x_3 = 1 & \cdots\cdots ③ \end{cases}$

このとき，(1) の解は (2) の解である．逆に，(2) の解は (1) の解であることも示される．2つの連立1次方程式が同じ解をもつとき**同値**という．したがって，(1) と (2) は同値である．(2) の拡大係数行列は次のようになる：

$$\begin{bmatrix} 1 & 1 & 2 & 1 \\ 0 & 1 & -1 & -3 \\ 2 & 1 & 1 & 1 \end{bmatrix}$$

さらに，連立 1 次方程式 (2) において，③ 式を ③ $-2\times$ ④ で置き換えると

(3) $\begin{cases} x_1 + x_2 + 2x_3 = 1 & \cdots\cdots ④ \\ x_2 - x_3 = -3 & \cdots\cdots ⑤ \\ -x_2 - 3x_3 = -1 & \cdots\cdots ⑥ = ③ - 2\times ④ \end{cases}$

このとき，(3) と (2) も同値で，(3) の拡大係数行列は

$$\begin{bmatrix} 1 & 1 & 2 & 1 \\ 0 & 1 & -1 & -3 \\ 0 & -1 & -3 & -1 \end{bmatrix}$$

である．拡大係数行列 $\begin{bmatrix} A & b \end{bmatrix}$ の第 1 列が単位ベクトル $e_1 = \begin{bmatrix} 1 \\ 0 \\ 0 \end{bmatrix}$ に変形されたことに注意しよう．

次の段階では第 2 列を単位ベクトル $e_2 = \begin{bmatrix} 0 \\ 1 \\ 0 \end{bmatrix}$ に変形しよう．そこで，連立 1 次方程式 (3) において，④ 式を ④ $-$ ⑤ で置き換えると

(4) $\begin{cases} x_1 + 3x_3 = 4 & \cdots\cdots ⑦ = ④ - ⑤ \\ x_2 - x_3 = -3 & \cdots\cdots ⑧ = ⑤ \\ -x_2 - 3x_3 = -1 & \cdots\cdots ⑥ \end{cases}$

このとき，(4) と (3) も同値である．さらに，⑥ 式を ⑥ $+$ ⑧ で置き換えると (4) は

(5) $\begin{cases} x_1 + 3x_3 = 4 & \cdots\cdots ⑦ \\ x_2 - x_3 = -3 & \cdots\cdots ⑧ \\ -4x_3 = -4 & \cdots\cdots ⑨ = ⑥ + ⑧ \end{cases}$

となる．(5) は (4) と同値で，拡大係数行列は

$$\begin{bmatrix} 1 & 0 & 3 & 4 \\ 0 & 1 & -1 & -3 \\ 0 & 0 & -4 & -4 \end{bmatrix}$$

7.2 掃き出し法による連立1次方程式の解法

であるから，第 2 列が単位ベクトル e_2 に変形された．

最後に，第 3 列を単位ベクトル $e_3 = \begin{bmatrix} 0 \\ 0 \\ 1 \end{bmatrix}$ に変形しよう．そこで，連立 1 次方程式 (5) において，⑨ 式を -4 で割ると

$$(6) \quad \begin{cases} x_1 & + & 3x_3 & = & 4 & \cdots\cdots ⑦ \\ & x_2 & - & x_3 & = & -3 & \cdots\cdots ⑧ \\ & & & x_3 & = & 1 & \cdots\cdots ⑫ = ⑨ \div (-4) \end{cases}$$

⑦ 式を ⑦ $-3 \times$ ⑫ で置き換えると

$$(7) \quad \begin{cases} x_1 & & & = & 1 & \cdots\cdots ⑩ = ⑦ - 3 \times ⑫ \\ & x_2 & - & x_3 & = & -3 & \cdots\cdots ⑧ \\ & & & x_3 & = & 1 & \cdots\cdots ⑫ \end{cases}$$

最後に，⑧ 式を ⑧ $+$ ⑫ で置き換えると

$$(8) \quad \begin{cases} x_1 & & & = & 1 & \cdots\cdots ⑩ \\ & x_2 & & = & -2 & \cdots\cdots ⑪ = ⑧ + ⑫ \\ & & x_3 & = & 1 & \cdots\cdots ⑫ \end{cases}$$

ここで，(6), (7), (8) は同値であり，(8) の拡大係数行列は

$$\begin{bmatrix} 1 & 0 & 0 & 1 \\ 0 & 1 & 0 & -2 \\ 0 & 0 & 1 & 1 \end{bmatrix}$$

であるから，第 3 列が単位ベクトル e_3 に変形された．したがって，係数行列 A は単位行列に変形されてた．

ここまでの変形において，(1) から (8) まではすべて同値であり，(8) から解は

$$\begin{bmatrix} x_1 \\ x_2 \\ x_3 \end{bmatrix} = \begin{bmatrix} 1 \\ -2 \\ 1 \end{bmatrix}$$

であることがわかる．

連立 1 次方程式 (1) が (2), (3), ..., (8) まで変形されたとき，対応する拡大係数行列は次のように変形される．

A			b	計算式
1	1	2	1	①
1	2	1	−2	②
2	1	1	1	③
1	1	2	1	④ = ①
0	1	−1	−3	⑤ = ② − ④
0	−1	−3	−1	⑥ = ③ − 2 × ④
1	0	3	4	⑦ = ④ − ⑧
0	1	−1	−3	⑧ = ⑤
0	0	−4	−4	⑨ = ⑥ + ⑧
1	0	0	1	⑩ = ⑦ − 3 × ⑫
0	1	0	−2	⑪ = ⑧ × ⑫
0	0	1	1	⑫ = ⑨ ÷ (−4)
e_1	e_2	e_3	解	
E				

単位ベクトル e_1, e_2, e_3 を作るときに基準となった数を**ピボット**という．上の表で四角 □ で囲った数がピボットである．

これまで拡大係数行列に対して行った変形は次の 3 つである．

[I] ある行に 0 でない数を掛ける (または割る)．
[II] 2 つの行を入れ替える．
[III] ある行に他の行の何倍かを加える (または引く)．

7.2 掃き出し法による連立1次方程式の解法

この3つの変形を **行列の基本変形** と呼ぶ．このとき，次の定理が成り立つ．

> **定理 7.1** 拡大係数行列 (**) (p.93) に基本変形を行っても連立1次方程式 (*) の解は変わらない，すなわち，同値である．

例題 7.1

掃き出し法を利用して，次の連立1次方程式を解け．
$$\begin{cases} x_1 + 2x_2 + 4x_3 = 3 \\ -x_1 + x_2 + 2x_3 = 0 \\ 2x_1 + 5x_2 + 3x_3 = -7 \end{cases}$$

解答 右のように掃き出し法を適用すると，
$$\begin{cases} x_1 = 1 \\ x_2 = -3 \\ x_3 = 2 \end{cases}$$

したがって，解は $\begin{bmatrix} x_1 \\ x_2 \\ x_3 \end{bmatrix} = \begin{bmatrix} 1 \\ -3 \\ 2 \end{bmatrix}$ である．

A			b	計算式
1	2	4	3	①
−1	1	2	0	②
2	5	3	−7	③
1	2	4	3	④ = ①
0	3	6	3	⑤ = ② + ④
0	1	−5	−13	⑥ = ③ − ④ × 2
1	0	0	1	⑦ = ④ − ⑧ × 2
0	1	2	1	⑧ = ⑤ ÷ 3
0	0	−7	−14	⑨ = ⑥ − ⑧
1	0	0	1	⑩ = ⑦
0	1	0	−3	⑪ = ⑧ − ⑫ × 2
0	0	1	2	⑫ = ⑨ ÷ (−7)
E			解	

問題

7.3 掃き出し法を利用して，次の連立1次方程式を解け．

(1) $\begin{cases} 2x_1 + x_2 = 1 \\ x_1 + 2x_2 = -1 \end{cases}$

(2) $\begin{cases} 2x_1 + x_2 + x_3 = 4 \\ x_1 + 2x_2 + x_3 = 4 \\ x_1 + x_2 + 2x_3 = 4 \end{cases}$

7.3 クラメルの公式

連立 1 次方程式

$$A\bm{x}=\bm{b};\quad A=\begin{bmatrix} a_{11} & a_{12} & \cdots & a_{1n} \\ a_{21} & a_{22} & \cdots & a_{2n} \\ \vdots & \vdots & \ddots & \vdots \\ a_{n1} & a_{n2} & \cdots & a_{nn} \end{bmatrix},\quad \bm{x}=\begin{bmatrix} x_1 \\ x_2 \\ \vdots \\ x_n \end{bmatrix},\quad \bm{b}=\begin{bmatrix} b_1 \\ b_2 \\ \vdots \\ b_n \end{bmatrix}$$

において，A が正則であれば，A^{-1} を左からかけると

$$\bm{x}=A^{-1}(A\bm{x})=A^{-1}\bm{b}$$

ここで，

$$A^{-1}=\frac{1}{|A|}\tilde{A}$$

$$=\frac{1}{|A|}\begin{bmatrix} A_{11} & A_{21} & \cdots & A_{n1} \\ A_{12} & A_{22} & \cdots & A_{n2} \\ \vdots & \vdots & \ddots & \vdots \\ A_{1n} & A_{2n} & \cdots & A_{nn} \end{bmatrix}$$

に注意すると，$i=1,2,\ldots,n$ に対して

$$x_i=\frac{1}{|A|}(b_1 A_{1i}+b_2 A_{2i}+\cdots+b_n A_{ni})$$

$$=\frac{1}{|A|}\begin{vmatrix} a_{11} & \cdots & b_1 & \cdots & a_{1n} \\ \vdots & \ddots & \vdots & & \vdots \\ a_{i1} & \cdots & b_i & \cdots & a_{in} \\ \vdots & & \vdots & \ddots & \vdots \\ a_{n1} & \cdots & b_n & \cdots & a_{nn} \end{vmatrix}$$

ここに，右辺の分子の行列式は，A の行列式において第 i 列を $\bm{b}$ で置き換えたものである．したがって，次の**クラメルの公式**が示される．

7.3 クラメルの公式

定理 7.2 連立1次方程式 (∗) (p.93) の解は $|A| \neq 0$ であれば，

$$x_1 = \frac{1}{|A|} \begin{vmatrix} b_1 & a_{12} & \cdots & a_{1n} \\ b_2 & a_{22} & \cdots & a_{2n} \\ \vdots & \vdots & \ddots & \vdots \\ b_n & a_{n2} & \cdots & a_{nn} \end{vmatrix}, \quad x_2 = \frac{1}{|A|} \begin{vmatrix} a_{11} & b_1 & \cdots & a_{1n} \\ a_{21} & b_2 & \cdots & a_{2n} \\ \vdots & \vdots & \ddots & \vdots \\ a_{n1} & b_n & \cdots & a_{nn} \end{vmatrix},$$

$$\cdots, \quad x_n = \frac{1}{|A|} \begin{vmatrix} a_{11} & a_{12} & \cdots & b_1 \\ a_{21} & a_{22} & \cdots & b_2 \\ \vdots & \vdots & \ddots & \vdots \\ a_{n1} & a_{n2} & \cdots & b_n \end{vmatrix}$$

で与えられる．ここに，x_i を与える式の分子の行列式は，A の行列式において第 i 列を $\boldsymbol{b}$ で置き換えたものである．

問 題

7.4 クラメルの公式を用いて，次の連立1次方程式の解を求めよ．

(1) $\begin{cases} x_1 - x_2 + x_3 = 1 \\ x_1 + x_2 - x_3 = 1 \\ -x_1 + x_2 + x_3 = 1 \end{cases}$

(2) $\begin{cases} x_1 + x_2 = 3 \\ x_1 + x_3 = 4 \\ x_2 + x_3 = 5 \\ x_3 + x_4 = 7 \end{cases}$

7.4 連立1次方程式の分類

連立1次方程式

$$(*)\quad \begin{cases} a_{11}x_1 + a_{12}x_2 + \cdots + a_{1n}x_n = b_1 \\ a_{21}x_1 + a_{22}x_2 + \cdots + a_{2n}x_n = b_2 \\ \qquad\qquad\qquad\qquad\qquad\vdots \\ a_{m1}x_1 + a_{m2}x_2 + \cdots + a_{mn}x_n = b_m \end{cases}$$

において，

(i) 解がただ1つ
(ii) 解が多くある
(iii) 解が存在しない

のいずれが成り立つか調べよう．

例題 7.2 ──────────────── 平面の交線

2つの平面

$$\begin{cases} a_1 x + b_1 y + c_1 z = 0 \\ a_2 x + b_2 y + c_2 z = 0 \end{cases}$$

が平行でないとき，交線の方程式を求めよ．

解答 行列式

$$\begin{vmatrix} a_1 & b_1 \\ a_2 & b_2 \end{vmatrix},\quad \begin{vmatrix} b_1 & c_1 \\ b_2 & c_2 \end{vmatrix},\quad \begin{vmatrix} a_1 & c_1 \\ a_2 & c_2 \end{vmatrix}$$

のすべてが 0 であると仮定すると

$$a_1 b_2 - a_2 b_1 = 0,\quad b_1 c_2 - b_2 c_1 = 0,\quad a_1 c_2 - a_2 c_1 = 0$$

であるから

$$\frac{a_1}{a_2} = \frac{b_1}{b_2} = \frac{c_1}{c_2}$$

7.4 連立1次方程式の分類

したがって，(a_1, b_1, c_1) と (a_2, b_2, c_2) は平行であるから，2.5 節 (p.13) より，2 つの平面は平行となるので，3 つの行列式のいずれかは 0 でない．そこで，

$$\begin{vmatrix} a_1 & b_1 \\ a_2 & b_2 \end{vmatrix} \neq 0$$

と仮定しよう．このとき，

$$\begin{bmatrix} a_1 & b_1 \\ a_2 & b_2 \end{bmatrix} \begin{bmatrix} x \\ y \end{bmatrix} = -z \begin{bmatrix} c_1 \\ c_2 \end{bmatrix}$$

から，クラメルの公式を用いると

$$x = \frac{-z \begin{vmatrix} c_1 & b_1 \\ c_2 & b_2 \end{vmatrix}}{\begin{vmatrix} a_1 & b_1 \\ a_2 & b_2 \end{vmatrix}}, \quad y = \frac{-z \begin{vmatrix} a_1 & c_1 \\ a_2 & c_2 \end{vmatrix}}{\begin{vmatrix} a_1 & b_1 \\ a_2 & b_2 \end{vmatrix}}$$

よって，

$$\frac{x}{\begin{vmatrix} b_1 & c_1 \\ b_2 & c_2 \end{vmatrix}} = \frac{y}{\begin{vmatrix} c_1 & a_1 \\ c_2 & a_2 \end{vmatrix}} = \frac{z}{\begin{vmatrix} a_1 & b_1 \\ a_2 & b_2 \end{vmatrix}}$$

この式は求める交線の方程式である (2.6 節, 直線の方程式).

この式において，分母が 0 となるときは分子も 0 と考える． □

問題

7.5 2 つの平面

$$\begin{cases} x + y + 2z = 1 \\ x + 2y + z = 3 \end{cases}$$

の交線の方程式を求めよ．

例題 7.3 ─────────────────── 解が多くある場合

次の連立1次方程式を解け.

$$\begin{cases} x + y + 2z = 1 \\ x + 2y + z = 4 \\ 3x + 4y + 5z = 6 \end{cases}$$

解答 $A = \begin{bmatrix} 1 & 1 & 2 \\ 1 & 2 & 1 \\ 3 & 4 & 5 \end{bmatrix}$, $\boldsymbol{x} = \begin{bmatrix} x \\ y \\ z \end{bmatrix}$, $\boldsymbol{b} = \begin{bmatrix} 1 \\ 4 \\ 6 \end{bmatrix}$ とおくと,

$$A\boldsymbol{x} = \boldsymbol{b}$$

と行列表示される.これを掃き出し法を利用して解く.

A			$\boldsymbol{b}$	計算式
1	1	2	1	①
1	2	1	4	②
3	4	5	6	③
1	1	2	1	④ = ①
0	1	−1	3	⑤ = ② − ④
0	1	−1	3	⑥ = ③ − 3 × ④
1	0	3	−2	⑦ = ④ − ⑧
0	1	−1	3	⑧ = ⑤
0	0	0	0	⑨ = ⑥ − ⑧
$\boldsymbol{e}_1$	$\boldsymbol{e}_2$			

表の最後に対応する連立1次方程式は

$$\begin{cases} x + 3z = -2 \\ y - z = 3 \\ 0 = 0 \end{cases}$$

そこで,変数 z を移項すると

7.4 連立1次方程式の分類

$$\begin{cases} x = -2 - 3z \\ y = 3 + z \end{cases}$$

これに $z = z$ を付け加えると

$$\begin{cases} x = -2 - 3z \\ y = 3 + z \\ z = z \end{cases}$$

行列表示すると $\begin{bmatrix} x \\ y \\ z \end{bmatrix} = \begin{bmatrix} -2 \\ 3 \\ 0 \end{bmatrix} + z \begin{bmatrix} -3 \\ 1 \\ 1 \end{bmatrix}$ となる. ここで, z を t と置き換えると

$$\begin{bmatrix} x \\ y \\ z \end{bmatrix} = \begin{bmatrix} -2 \\ 3 \\ 0 \end{bmatrix} + t \begin{bmatrix} -3 \\ 1 \\ 1 \end{bmatrix}$$

この式を t をパラメータとする**解の表示**と呼ぶ.

解 (x, y, z) は点 $(-2, 3, 0)$ を通りベクトル $(-3, 1, 1)$ に平行な直線上にある. □

問題

7.6 掃き出し法を利用して, 次の連立1次方程式を解け.

(1) $\begin{cases} 2x_1 + x_2 = 1 \\ 4x_1 + 2x_2 = 2 \end{cases}$

(2) $\begin{cases} x_1 + 2x_2 + x_3 = 1 \\ 2x_1 + x_2 + x_3 = 1 \\ 4x_1 + 5x_2 + 3x_3 = 3 \end{cases}$

(3) $\begin{cases} x_1 + 2x_2 + x_3 = 1 \end{cases}$

(4) $\begin{cases} 2x_1 + x_2 + 2x_3 + x_4 = 2 \\ x_1 + x_2 + 2x_3 + 2x_4 = 3 \\ x_1 + 2x_2 + x_3 + 2x_4 = 4 \end{cases}$

7.5 一次独立と一次従属

実数全体 R または複素数全体 C を K と表すことにしよう. K に属する数からなる n 次ベクトルの系

$$\boldsymbol{a}_1 = \begin{bmatrix} a_{11} \\ a_{21} \\ \vdots \\ a_{n1} \end{bmatrix}, \quad \boldsymbol{a}_2 = \begin{bmatrix} a_{12} \\ a_{22} \\ \vdots \\ a_{n2} \end{bmatrix}, \ldots, \quad \boldsymbol{a}_m = \begin{bmatrix} a_{1m} \\ a_{2m} \\ \vdots \\ a_{nm} \end{bmatrix}$$

が K 上一次独立とは,

$$x_1 \boldsymbol{a}_1 + x_2 \boldsymbol{a}_2 + \cdots + x_m \boldsymbol{a}_m = \boldsymbol{0} \quad (x_1 \in K, x_2 \in K, \ldots, x_m \in K)$$

であれば, $x_1 = x_2 = \cdots = x_m = 0$ となるときをいう. $\boldsymbol{a}_1, \boldsymbol{a}_2, \ldots, \boldsymbol{a}_m$ が K 上一次独立でないとき, K 上一次従属という.

例題 7.4 ──────────────────────────── 一次独立・一次従属 ─

$\boldsymbol{a} = \begin{bmatrix} a_1 \\ a_2 \end{bmatrix}, \boldsymbol{b} = \begin{bmatrix} b_1 \\ b_2 \end{bmatrix}$ が K 上一次従属であるための必要十分条件は

$$\begin{vmatrix} a_1 & b_1 \\ a_2 & b_2 \end{vmatrix} = 0$$

であることを示せ.

解答 $x\boldsymbol{a} + y\boldsymbol{b} = \boldsymbol{0}$ とすると,

$$\begin{bmatrix} a_1 & b_1 \\ a_2 & b_2 \end{bmatrix} \begin{bmatrix} x \\ y \end{bmatrix} = \begin{bmatrix} 0 \\ 0 \end{bmatrix}$$

ここで, $A = \begin{bmatrix} a_1 & b_1 \\ a_2 & b_2 \end{bmatrix}$ とおく.

7.5 一次独立と一次従属

(必要条件) A の行列式が 0 でなければ, A の逆行列 A^{-1} が存在する. このとき,

$$\begin{bmatrix} x \\ y \end{bmatrix} = A^{-1} \begin{bmatrix} 0 \\ 0 \end{bmatrix} = \begin{bmatrix} 0 \\ 0 \end{bmatrix}$$

したがって, $x = y = 0$ となるので, $\boldsymbol{a}, \boldsymbol{b}$ は一次独立となる.

(十分条件) 逆に, $\begin{vmatrix} a_1 & b_1 \\ a_2 & b_2 \end{vmatrix} = 0$ であれば, $a_1 b_2 - a_2 b_1 = 0$ である.

もし, $b_1 \neq 0$ であれば, $k = a_1/b_1$ とおくと

$$\begin{cases} a_1 - k\,b_1 & = 0 \\ a_2 - k\,b_2 = \dfrac{a_2 b_1 - a_1 b_2}{b_1} & = 0 \end{cases}$$

すなわち,

$$\boldsymbol{a} = \begin{bmatrix} a_1 \\ a_2 \end{bmatrix} = \begin{bmatrix} kb_1 \\ kb_2 \end{bmatrix} = k \begin{bmatrix} b_1 \\ b_2 \end{bmatrix} = k\boldsymbol{b}$$

となるので,

$$\boldsymbol{a} = k\boldsymbol{b}, \quad 1 \cdot \boldsymbol{a} + (-k)\boldsymbol{b} = \boldsymbol{0}$$

したがって, $\boldsymbol{a}, \boldsymbol{b}$ は一次従属となる.

$b_1 = 0$ のときは, $\boldsymbol{b} = l\boldsymbol{a}$ と表されることが示されるので $\boldsymbol{a}, \boldsymbol{b}$ は一次従属となる. □

問題

7.7 $\boldsymbol{a} = \begin{bmatrix} 1 \\ 2 \end{bmatrix}, \boldsymbol{b} = \begin{bmatrix} 2 \\ a \end{bmatrix}$ が K 上一次従属であるように a を定めよ.

7.8 2直線 $a_1 x + b_1 y + c_1 = 0$, $a_2 x + b_2 y + c_2 = 0$ が平行であれば, $\boldsymbol{a} = \begin{bmatrix} a_1 \\ a_2 \end{bmatrix}, \boldsymbol{b} = \begin{bmatrix} b_1 \\ b_2 \end{bmatrix}$ は R 上一次従属であることを示せ.

例題 7.5 — 一次独立・一次従属

$a_1 = \begin{bmatrix} 1 \\ 2 \\ 1 \end{bmatrix}$, $a_2 = \begin{bmatrix} 2 \\ 1 \\ 1 \end{bmatrix}$, $a_3 = \begin{bmatrix} 3 \\ 3 \\ a \end{bmatrix}$ が K 上一次従属であるように a を定めよ.

解答

$$x_1 a_1 + x_2 a_2 + x_3 a_3 = 0 \quad (x_1 \in K, x_2 \in K, x_3 \in K)$$

とする. このとき, x_1, x_2, x_3 は連立 1 次方程式

$$\begin{cases} x_1 + 2x_2 + 3x_3 = 0 \\ 2x_1 + x_2 + 3x_3 = 0 \\ x_1 + x_2 + ax_3 = 0 \end{cases}$$

の解である. ここで, $A = \begin{bmatrix} 1 & 2 & 3 \\ 2 & 1 & 3 \\ 1 & 1 & a \end{bmatrix}$, $x = \begin{bmatrix} x_1 \\ x_2 \\ x_3 \end{bmatrix}$, $0 = \begin{bmatrix} 0 \\ 0 \\ 0 \end{bmatrix}$ とおくと,

$$Ax = 0$$

このとき, A が正則であれば, 逆行列 A^{-1} が存在して, それを左からかけると

$$x = A^{-1} 0 = 0$$

だから, $x_1 = x_2 = x_3 = 0$ となり, a_1, a_2, a_3 は K 上一次独立である. よって, A は正則でないので, $|A| = 0$ となる. すなわち,

$$|A| = 1 \times \begin{vmatrix} 1 & 3 \\ 1 & a \end{vmatrix} - 2 \times \begin{vmatrix} 2 & 3 \\ 1 & a \end{vmatrix} + 3 \times \begin{vmatrix} 2 & 1 \\ 1 & 1 \end{vmatrix}$$

$$= (a - 3) - 2(2a - 3) + 3(2 - 1)$$

$$= -3a + 6 = 0$$

よって, $a = 2$ である. このとき,

7.5 一次独立と一次従属

	A		b	計算式
1	2	3	0	①
2	1	3	0	②
1	1	2	0	③
1	2	3	0	④ = ①
0	-3	-3	0	⑤ = ② $-$ 2 × ④
0	-1	-1	0	⑥ = ③ $-$ ④
1	0	1	0	⑦ = ④ $-$ 2 × ⑧
0	1	1	0	⑧ = ⑤ ÷ (-3)
0	0	0	0	⑨ = ⑥ + ⑧
e_1	e_2			

連立 1 次方程式 $x_1 \boldsymbol{a}_1 + x_2 \boldsymbol{a}_2 = \boldsymbol{a}_3$
を掃き出し法で解くことを考えると，
表の最後に注目すると，右の表より，
$x_1 = x_2 = 1$，すなわち

$$\boldsymbol{a}_3 = \boldsymbol{a}_1 + \boldsymbol{a}_2$$

これを変形すると，

$$1 \cdot \boldsymbol{a}_1 + 1 \cdot \boldsymbol{a}_2 + (-1)\boldsymbol{a}_3 = \boldsymbol{0}$$

となり，$\boldsymbol{a}_1, \boldsymbol{a}_2, \boldsymbol{a}_3$ は確かに一次従属であることがわかる． □

$x_1 \boldsymbol{a}_1 + x_2 \boldsymbol{a}_2 = \boldsymbol{a}_3 \Rightarrow$

	A		
$\boldsymbol{a}_1$	$\boldsymbol{a}_2$	$\boldsymbol{a}_3$	
1	2	3	
2	1	3	
1	1	2	
$\vdots$	$\vdots$	$\vdots$	
1	0	1	
0	1	1	
0	0	0	
e_1	e_2		

$\begin{cases} x_1 = 1 \\ x_2 = 1 \Leftarrow \\ 0 = 0 \end{cases}$

問題

7.9 $\boldsymbol{a}_1 = \begin{bmatrix} a \\ 1 \\ 1 \end{bmatrix}, \quad \boldsymbol{a}_2 = \begin{bmatrix} 1 \\ a \\ 1 \end{bmatrix}, \quad \boldsymbol{a}_3 = \begin{bmatrix} 1 \\ 1 \\ a \end{bmatrix}$

が $\boldsymbol{K}$ 上一次従属であるように a を定めよ．

7.6 行列のランク

$m \times n$ 行列

$$A = \begin{bmatrix} a_{11} & a_{12} & \cdots & a_{1n} \\ a_{21} & a_{22} & \cdots & a_{2n} \\ \vdots & \vdots & \ddots & \vdots \\ a_{m1} & a_{m2} & \cdots & a_{mn} \end{bmatrix}$$

の p 個の行と p 個の列からできる行列式

$$\begin{vmatrix} a_{i_1 j_1} & a_{i_1 j_2} & \cdots & a_{i_1 j_p} \\ a_{i_2 j_1} & a_{i_2 j_2} & \cdots & a_{i_2 j_p} \\ \vdots & \vdots & \ddots & \vdots \\ a_{i_p j_1} & a_{i_p j_2} & \cdots & a_{i_p j_p} \end{vmatrix}$$

を**小行列式**という．このような小行列式の値が 0 でないものの中で最大の次数 p を A の**ランク** (**階数**) と呼び，

$$\operatorname{rank} A$$

で表す．

定理 7.3 (1) $m \times n$ 行列 A に対して，

$$\operatorname{rank} A \leqq m \quad \text{かつ} \quad \operatorname{rank} A \leqq n$$

(2) n 次の正方行列 A について，次は同値である．
 (i) A が正則
 (ii) $\operatorname{rank} A = n$

---

(1) はランクの定義よりただちに示される．(2) は定理 6.6 による．

7.6 行列のランク

例題 7.6 ─────────── 行列のランク ─

次の行列のランクを求めよ．

(1) $A = \begin{bmatrix} 1 & 2 \\ 4 & 8 \end{bmatrix}$ (2) $B = \begin{bmatrix} 1 & 2 & 3 \\ 4 & 5 & 6 \\ 7 & 8 & 9 \end{bmatrix}$

解答 (1) まず，2 次の行列式について

$$\begin{vmatrix} 1 & 2 \\ 4 & 8 \end{vmatrix} = 1 \times 8 - 2 \times 4 = 0$$

よって，A のランクは 2 より小さい．A は 0 でない成分をもつので，rank $A = 1$ である．

(2) まず，3 次の行列式について

$$\begin{vmatrix} 1 & 2 & 3 \\ 4 & 5 & 6 \\ 7 & 8 & 9 \end{vmatrix} = \begin{vmatrix} 1 & 2 & 3 \\ 4-4 & 5-8 & 6-12 \\ 7-7 & 8-14 & 9-21 \end{vmatrix} = \begin{vmatrix} 1 & 2 & 3 \\ 0 & -3 & -6 \\ 0 & -6 & -12 \end{vmatrix}$$

$$= \begin{vmatrix} -3 & -6 \\ -6 & -12 \end{vmatrix} = 36 - 36 = 0$$

よって，B のランクは 3 より小さい．

2 次の小行列式

$$\begin{vmatrix} 1 & 2 \\ 4 & 5 \end{vmatrix} = 5 - 8 = -3 \neq 0$$

だから，rank $B = 2$ となる． □

問題

7.10 次の行列のランクを求めよ．

(1) $A = \begin{bmatrix} 1 & 2 & 3 \\ 2 & 4 & 6 \end{bmatrix}$ (2) $B = \begin{bmatrix} a & 1 & 1 \\ 1 & a & 1 \\ 1 & 1 & a \end{bmatrix}$

第7章 連立1次方程式の解法

> **定理 7.4** $m \times n$ 行列 A のランクを p とする. $p < m$ であれば, A の列からできるベクトルは一次従属である.

証明 行と列を適当に入れ換えることによって $\begin{vmatrix} a_{11} & a_{12} & \cdots & a_{1p} \\ a_{21} & a_{22} & \cdots & a_{2p} \\ \vdots & \vdots & \ddots & \vdots \\ a_{p1} & a_{p2} & \cdots & a_{pp} \end{vmatrix} \neq 0$ としよう. A の列ベクトルを

$$\bm{a}_1 = \begin{bmatrix} a_{11} \\ a_{21} \\ \vdots \\ a_{m1} \end{bmatrix}, \quad \bm{a}_2 = \begin{bmatrix} a_{12} \\ a_{22} \\ \vdots \\ a_{m2} \end{bmatrix}, \quad \ldots, \quad \bm{a}_n = \begin{bmatrix} a_{1n} \\ a_{2n} \\ \vdots \\ a_{mn} \end{bmatrix}$$

とすると $\bm{a}_1, \bm{a}_2, \ldots, \bm{a}_p$ は一次独立であることを示そう. そこで,

$$x_1 \bm{a}_1 + x_2 \bm{a}_2 + \cdots + x_p \bm{a}_p = \bm{0}$$

とすると,

$$\begin{bmatrix} a_{11} & a_{12} & \cdots & a_{1p} \\ a_{21} & a_{22} & \cdots & a_{2p} \\ \vdots & \vdots & \ddots & \vdots \\ a_{p1} & a_{p2} & \cdots & a_{pp} \end{bmatrix} \begin{bmatrix} x_1 \\ x_2 \\ \vdots \\ x_p \end{bmatrix} = \begin{bmatrix} 0 \\ 0 \\ \vdots \\ 0 \end{bmatrix}$$

仮定より, $x_1 = x_2 = \cdots = x_p = 0$ である.

さらに, 連立1次方程式

$$\begin{bmatrix} a_{11} & a_{12} & \cdots & a_{1p} \\ a_{21} & a_{22} & \cdots & a_{2p} \\ \vdots & \vdots & \ddots & \vdots \\ a_{p1} & a_{p2} & \cdots & a_{pp} \end{bmatrix} \begin{bmatrix} x_1 \\ x_2 \\ \vdots \\ x_p \end{bmatrix} = \begin{bmatrix} a_{1(p+1)} \\ a_{2(p+1)} \\ \vdots \\ a_{p(p+1)} \end{bmatrix} \quad \cdots (*)$$

は (ただ1つの) 解をもつ. このとき, $q > p$ に対して, $(p+1)$ 次の行列

7.6 行列のランク

$$\begin{bmatrix} a_{11} & a_{12} & \cdots & a_{1p} & a_{1(p+1)} \\ a_{21} & a_{22} & \cdots & a_{2p} & a_{2(p+1)} \\ \vdots & \vdots & \ddots & \vdots & \vdots \\ a_{p1} & a_{p2} & \cdots & a_{pp} & a_{p(p+1)} \\ a_{q1} & a_{q2} & \cdots & a_{qp} & a_{q(p+1)} \end{bmatrix}$$

第 $(p+1)$ 列で第 1 列の x_1 倍, 第 2 列の x_2 倍, $\cdots$, 第 p 列の x_p 倍を引くと

$$0 = \begin{vmatrix} a_{11} & a_{12} & \cdots & a_{1p} & a_{1(p+1)} \\ a_{21} & a_{22} & \cdots & a_{2p} & a_{2(p+1)} \\ \vdots & \vdots & \ddots & \vdots & \vdots \\ a_{p1} & a_{p2} & \cdots & a_{pp} & a_{p(p+1)} \\ a_{q1} & a_{q2} & \cdots & a_{qp} & a_{q(p+1)} \end{vmatrix}$$

$$= \begin{vmatrix} a_{11} & a_{12} & \cdots & a_{1p} & a_{1(p+1)} - x_1 a_{11} - x_2 a_{12} - \cdots - x_p a_{1p} \\ a_{21} & a_{22} & \cdots & a_{2p} & a_{2(p+1)} - x_1 a_{21} - x_2 a_{22} - \cdots - x_p a_{2p} \\ \vdots & \vdots & \ddots & \vdots & \vdots \\ a_{p1} & a_{p2} & \cdots & a_{pp} & a_{p(p+1)} - x_1 a_{p1} - x_2 a_{p2} - \cdots - x_p a_{pp} \\ a_{q1} & a_{q2} & \cdots & a_{qp} & a_{q(p+1)} - x_1 a_{q1} - x_2 a_{q2} - \cdots - x_p a_{qp} \end{vmatrix}$$

$$= \begin{vmatrix} a_{11} & a_{12} & \cdots & a_{1p} & 0 \\ a_{21} & a_{22} & \cdots & a_{2p} & 0 \\ \vdots & \vdots & \ddots & \vdots & \vdots \\ a_{p1} & a_{p2} & \cdots & a_{pp} & 0 \\ a_{q1} & a_{q2} & \cdots & a_{qp} & a_{q(p+1)} - x_1 a_{q1} - x_2 a_{q2} - \cdots - x_p a_{qp} \end{vmatrix}$$

$$= \{a_{q(p+1)} - x_1 a_{q1} - x_2 a_{q2} - \cdots - x_p a_{qp}\} \begin{vmatrix} a_{11} & a_{12} & \cdots & a_{1p} \\ a_{21} & a_{22} & \cdots & a_{2p} \\ \vdots & \vdots & \ddots & \vdots \\ a_{p1} & a_{p2} & \cdots & a_{pp} \end{vmatrix}$$

よって,

$$a_{q(p+1)} = x_1 a_{q1} + x_2 a_{q2} + \cdots + x_p a_{qp}$$

これと $(*)$ より,

$$\begin{bmatrix} a_{1(p+1)} \\ a_{2(p+1)} \\ \vdots \\ a_{m(p+1)} \end{bmatrix} = x_1 \begin{bmatrix} a_{11} \\ a_{21} \\ \vdots \\ a_{m1} \end{bmatrix} + x_2 \begin{bmatrix} a_{12} \\ a_{22} \\ \vdots \\ a_{m2} \end{bmatrix} + \cdots + x_p \begin{bmatrix} a_{1p} \\ a_{2p} \\ \vdots \\ a_{mp} \end{bmatrix}$$

すなわち,

$$\boldsymbol{a}_{p+1} = x_1 \boldsymbol{a}_1 + x_2 \boldsymbol{a}_2 + \cdots + x_p \boldsymbol{a}_p$$

となり, $\boldsymbol{a}_1, \boldsymbol{a}_2, \ldots, \boldsymbol{a}_p, \boldsymbol{a}_{p+1}$ は一次従属である.したがって, $\boldsymbol{a}_1, \boldsymbol{a}_2, \ldots, \boldsymbol{a}_p, \boldsymbol{a}_{p+1},$
$\ldots, \boldsymbol{a}_n$ も一次従属である. □

この証明から, $\boldsymbol{a}_{p+1}$ が $\boldsymbol{a}_1, \boldsymbol{a}_2, \ldots, \boldsymbol{a}_p$ の一次結合で表されるとき

$$\mathrm{rank} \begin{bmatrix} \boldsymbol{a}_1 & \boldsymbol{a}_2 & \cdots & \boldsymbol{a}_p \end{bmatrix} = \mathrm{rank} \begin{bmatrix} \boldsymbol{a}_1 & \boldsymbol{a}_2 & \cdots & \boldsymbol{a}_p & \boldsymbol{a}_{p+1} \end{bmatrix}$$

が成り立つ.

これより次の結果が示される.

> **定理 7.5** $m \times n$ 行列 A の列ベクトルを $\boldsymbol{a}_1, \boldsymbol{a}_2, \ldots, \boldsymbol{a}_n$ とする.このとき, $\boldsymbol{a}_1, \boldsymbol{a}_2, \ldots, \boldsymbol{a}_n$ の中で一次独立なものの個数の最大値は行列 A のランクと一致する.

> **系 7.6** n 次の正方行列 A に対して,連立 1 次方程式
> $$A\boldsymbol{x} = \boldsymbol{0}$$
> が $\boldsymbol{0}$ 以外の解をもつための必要十分条件は $|A| = 0$ である.

証明 もし, $|A| = 0$ ならば, $\mathrm{rank}\, A \leqq n-1$ である.定理 7.5 より, $\boldsymbol{a}_1, \boldsymbol{a}_2, \ldots, \boldsymbol{a}_n$ は一次従属であるから $x_1 \boldsymbol{a}_1 + x_2 \boldsymbol{a}_2 + \cdots + x_n \boldsymbol{a}_n = \boldsymbol{0}$ で, $\boldsymbol{x} = (x_1, x_2, \ldots, x_n) \neq \boldsymbol{0}$ となるものが存在する.したがって,連立 1 次方程式は $\boldsymbol{0}$ でない解をもつ.

逆に, $|A| \neq 0$ ならば,連立 1 次方程式の左から A^{-1} をかけると解は $\boldsymbol{x} = \boldsymbol{0}$ である.したがって,連立 1 次方程式が $\boldsymbol{0}$ 以外の解をもつならば, $|A| = 0$ である. □

7.6 行列のランク

例題 7.7 ──────────────────── 行列のランク ─

行列 $A = \begin{bmatrix} 1 & 2 & 3 & 4 \\ 2 & 3 & 4 & 5 \\ 3 & 4 & 5 & 6 \end{bmatrix}$ のランクを求めよ．

解答 A の列ベクトルを a_1, a_2, a_3, a_4 と表し，掃き出し法でランクを求めよう．

a_1	a_2	a_3	a_4	計算式
1	2	3	4	①
2	3	4	5	②
3	4	5	6	③
1	2	3	4	④ = ①
0	−1	−2	−3	⑤ = ② − 2 × ④
0	−2	−4	−6	⑥ = ③ − 3 × ④
1	0	−1	−2	⑦ = ④ − 2 × ⑧
0	1	2	3	⑧ = ⑤ ÷ (−1)
0	0	0	0	⑨ = ⑥ + 2 × ⑧
e_1	e_2			

$x_1 a_1 + x_2 a_2 = \mathbf{0}$ の解は $x_1 = x_2 = 0$

$x_1 a_1 + x_2 a_2 = a_3$ の解

$x_1 a_1 + x_2 a_2 = a_4$ の解

これより，a_1, a_2 は一次独立で，

(∗) $\quad a_3 = (-1)\, a_1 + 2\, a_2, \quad a_4 = (-2)\, a_1 + 3\, a_2$

よって，a_1, a_2, a_3 は一次従属，かつ，a_1, a_2, a_4 も一次従属である．したがって，

$$\text{rank } A = \text{rank}\begin{bmatrix} a_1 & a_2 & a_3 & a_4 \end{bmatrix} = \text{rank}\begin{bmatrix} a_1 & a_2 \end{bmatrix} = 2 \qquad \square$$

問題

7.11 次の行列のランクを求めよ．

(1) $A = \begin{bmatrix} 1 & 2 & 3 \\ 2 & 4 & 6 \end{bmatrix}$ \quad (2) $B = \begin{bmatrix} 1 & 2 & 3 & 4 & 5 \\ 2 & 3 & 4 & 5 & 6 \\ 3 & 4 & 5 & 6 & 7 \end{bmatrix}$

注意 掃き出し法と発展問題 4, 1 (p.44) の行列について
 (i) 第 2 行に第 1 行の -2 倍を加える $\cdots$ $P(2,1;-2)$ を左からかける.
 (ii) 第 3 行に第 1 行の -3 倍を加える $\cdots$ $P(3,1;-3)$ を左からかける.
 (iii) 第 2 行に -1 をかける $\cdots$ $P(2;-1)$ を左からかける.
 (iv) 第 1 行に第 2 行の -2 倍を加える $\cdots$ $P(1,2;-2)$ を左からかける.
 (v) 第 3 行に第 2 行の 2 倍を加える $\cdots$ $P(3,2;2)$ を左からかける.

そこで, $P = P(3,2;2)P(1,2;-2)P(2;-1)P(3,1;-3)P(2,1;-2)$ とすると

$$PA = \begin{bmatrix} 1 & 0 & -1 & -2 \\ 0 & 1 & 2 & 3 \\ 0 & 0 & 0 & 0 \end{bmatrix}$$

$${}^t(PA) = {}^tA\,{}^tP = \begin{bmatrix} 1 & 0 & 0 \\ 0 & 1 & 0 \\ -1 & 2 & 0 \\ -2 & 3 & 0 \end{bmatrix}$$

に対して, 掃き出し法を行うと 4 次の正則行列 R で $R\,{}^t(PA) = \begin{bmatrix} 1 & 0 & 0 \\ 0 & 1 & 0 \\ 0 & 0 & 0 \\ 0 & 0 & 0 \end{bmatrix}$ となるものが存在する. 再び転置行列を考えて, $Q = {}^tR$ とおくと

$$PAQ = \begin{bmatrix} 1 & 0 & 0 & 0 \\ 0 & 1 & 0 & 0 \\ 0 & 0 & 0 & 0 \end{bmatrix}$$

以上の考察から, 次の定理が示される.

> **定理 7.7** $m \times n$ 行列 A のランクを r とすると,
>
> $$PAQ = \begin{bmatrix} E_r & O \\ O & O \end{bmatrix}$$
>
> となる正則行列 P, Q と r 次の単位行列 E_r が存在する.

7.7 掃き出し法による逆行列の求め方

3つの連立1次方程式

$$\begin{cases} x_1 + y_1 + 2z_1 = 1 \\ x_1 + 2y_1 + z_1 = 0 \\ 2x_1 + y_1 + z_1 = 0 \end{cases} \quad (1)$$

$$\begin{cases} x_2 + y_2 + 2z_2 = 0 \\ x_2 + 2y_2 + z_2 = 1 \\ 2x_2 + y_2 + z_2 = 0 \end{cases} \quad (2)$$

$$\begin{cases} x_3 + y_3 + 2z_3 = 0 \\ x_3 + 2y_3 + z_3 = 0 \\ 2x_3 + y_3 + z_3 = 1 \end{cases} \quad (3)$$

を行列表示すると

$$(*) \quad \begin{bmatrix} 1 & 1 & 2 \\ 1 & 2 & 1 \\ 2 & 1 & 1 \end{bmatrix} \begin{bmatrix} x_1 & x_2 & x_3 \\ y_1 & y_2 & y_3 \\ z_1 & z_2 & z_3 \end{bmatrix} = \begin{bmatrix} 1 & 0 & 0 \\ 0 & 1 & 0 \\ 0 & 0 & 1 \end{bmatrix}$$

そこで, $A = \begin{bmatrix} 1 & 1 & 2 \\ 1 & 2 & 1 \\ 2 & 1 & 1 \end{bmatrix}$ と単位行列 $E = \begin{bmatrix} 1 & 0 & 0 \\ 0 & 1 & 0 \\ 0 & 0 & 1 \end{bmatrix}$ を並べて, 次ページのように掃き出し法を行う.

ここで, 行列 $\begin{bmatrix} A & E \end{bmatrix}$ が $\begin{bmatrix} E & X \end{bmatrix}$ と変わったことに注意しよう.

さて, 掃き出し法から,

(1) の解は $\begin{bmatrix} x_1 \\ y_1 \\ z_1 \end{bmatrix} = \begin{bmatrix} -1/4 \\ -1/4 \\ 3/4 \end{bmatrix}$, (2) の解は $\begin{bmatrix} x_2 \\ y_2 \\ z_2 \end{bmatrix} = \begin{bmatrix} -1/4 \\ 3/4 \\ -1/4 \end{bmatrix}$

A			E			計算式
1	1	2	1	0	0	①
1	2	1	0	1	0	②
2	1	1	0	0	1	③
1	1	2	1	0	0	④ = ①
0	1	−1	−1	1	0	⑤ = ② − ①
0	−1	−3	−2	0	1	⑥ = ③ − 2 × ①
1	0	3	2	−1	0	⑦ = ④ − ⑤
0	1	−1	−1	1	0	⑧ = ⑤
0	0	−4	−3	1	1	⑨ = ⑥ + ⑤
1	0	0	−1/4	−1/4	3/4	⑩ = ⑦ − 3 × ⑫
0	1	0	−1/4	3/4	−1/4	⑪ = ⑧ + ⑫
0	0	1	3/4	−1/4	−1/4	⑫ = ⑨ ÷ (−4)
e_1	e_2	e_3	解(1)	解(2)	解(3)	
E			A^{-1}			

(3) の解は $\begin{bmatrix} x_3 \\ y_3 \\ z_3 \end{bmatrix} = \begin{bmatrix} 3/4 \\ -1/4 \\ -1/4 \end{bmatrix}$ であることがわかる．したがって，

$$A^{-1} = \begin{bmatrix} x_1 & x_2 & x_3 \\ y_1 & y_2 & y_3 \\ z_1 & z_2 & z_3 \end{bmatrix} = \begin{bmatrix} -1/4 & -1/4 & 3/4 \\ -1/4 & 3/4 & -1/4 \\ 3/4 & -1/4 & -1/4 \end{bmatrix}$$

である． □

問題

7.12 次の行列の逆行列を掃き出し法を利用して求めよ．

$$(1) \begin{bmatrix} 0 & 0 & 1 \\ 0 & 1 & 0 \\ 1 & 0 & 0 \end{bmatrix} \quad (2) \begin{bmatrix} 1 & 1 & -1 \\ 1 & -1 & 1 \\ -1 & 1 & 1 \end{bmatrix}$$

発展問題 7

1 連立 1 次方程式

$$\begin{cases} a_{11}x_1 + a_{12}x_2 + a_{13}x_3 = b_1 \\ a_{21}x_1 + a_{22}x_2 + a_{23}x_3 = b_2 \\ a_{31}x_1 + a_{32}x_2 + a_{33}x_3 = b_3 \end{cases}$$

が解をもつとき，係数行列 $A = \begin{bmatrix} a_{11} & a_{12} & a_{13} \\ a_{21} & a_{22} & a_{23} \\ a_{31} & a_{32} & a_{33} \end{bmatrix}$ と拡大係数行列

$\begin{bmatrix} A & \boldsymbol{b} \end{bmatrix} = \begin{bmatrix} a_{11} & a_{12} & a_{13} & b_1 \\ a_{21} & a_{22} & a_{23} & b_2 \\ a_{31} & a_{32} & a_{33} & b_3 \end{bmatrix}$ のランクが一致することを示せ．

2 連立 1 次方程式

$$\begin{cases} 2x_1 + x_2 + x_3 = 1 \\ x_1 + 2x_2 + x_3 = 2 \\ 4x_1 + 5x_2 + 3x_3 = 3 \end{cases}$$

において，
(1) 係数行列 A と拡大係数行列 $\begin{bmatrix} A & \boldsymbol{b} \end{bmatrix}$ のランクを求めよ．
(2) 掃き出し法を利用して，連立 1 次方程式が解をもたないことを示せ．

3 次の連立 1 次方程式が解をもつように a を定めて，解を求めよ．

$$\begin{cases} 2x_1 + x_2 + x_3 = 1 \\ x_1 + 2x_2 + x_3 = 2 \\ 4x_1 + 5x_2 + 3x_3 = a \end{cases}$$

4 (1) a, b, c が互いに異なるとき，連立 1 次方程式

$$\begin{cases} x_1 + x_2 + x_3 = 1 \\ ax_1 + bx_2 + cx_3 = d \\ a^2 x_1 + b^2 x_2 + c^2 x_3 = d^2 \end{cases}$$

の解を求めよ.

(2) 連立 1 次方程式

$$\begin{cases} x_1 + x_2 + x_3 = 1 \\ 2x_1 + 3x_2 + 4x_3 = 5 \\ 2^2 x_1 + 3^2 x_2 + 4^2 x_3 = 5^2 \end{cases}$$

の解を次の方法で求めよ.
(a) (1) の結果　(b) Excel

5　$A = \begin{bmatrix} 1 & 0 & 0 \\ 1 & 0 & 1 \\ 1 & 0 & 0 \end{bmatrix}$ について,

$$PAQ = \begin{bmatrix} 1 & 0 & 0 \\ 0 & 1 & 0 \\ 0 & 0 & 0 \end{bmatrix}$$

となる正則行列 P, Q を求めよ.

6　n 次の列ベクトル $e_1, e_2, \ldots, e_m$ は K 上一次独立とする. $a_1, a_2, \ldots, a_m, a_{m+1}$ が $e_1, e_2, \ldots, e_m$ の一次結合であれば, $a_1, a_2, \ldots, a_m, a_{m+1}$ は K 上一次従属であることを示せ.

7　n 次の列ベクトル $a_1, a_2, \ldots, a_m$ は K 上一次独立とする. このとき, n 次の正方行列 A が正則であれば, $Aa_1, Aa_2, \ldots, Aa_m$ も K 上一次独立であることを示せ.

8　A, B は n 次の正方行列とする. A が正則であれば, B と AB のランクは一致することを示せ.

9　$\boldsymbol{x}_1 = \begin{bmatrix} 1 \\ i \end{bmatrix}, \boldsymbol{x}_2 = \begin{bmatrix} i \\ -1 \end{bmatrix}$ について

(1)　$\boldsymbol{x}_1, \boldsymbol{x}_2$ は R 上一次独立であることを示せ.
(2)　$\boldsymbol{x}_1, \boldsymbol{x}_2$ は C 上一次従属であることを示せ.

第8章

線形写像

8.1 集合と要素

ものの集まりを**集合**という．集合の例として，あるクラスの学生の全体，ある大学の学生の全体などが考えられる．

A クラスの学生の全体を A，そのクラスで携帯電話をもっている学生の全体を A_{KEITAI} とする．集合 A_{KEITAI} に属する学生はまた集合 A にも属するので，A_{KEITAI} は A の**部分集合**といい，

$$A_{KEITAI} \subset A$$

と表す．学生 x が A クラスの学生であれば，

$$x \in A$$

と表し，x は A に属する，または，x は A の**要素**であるという．

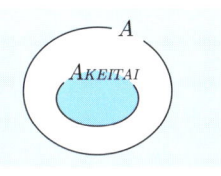

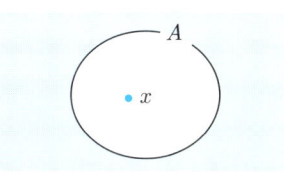

2つの集合 A, B に対して

$$A = B \iff A \subset B \text{ かつ } B \subset A \qquad \text{(集合の相等)}$$

要素をもたない集合も考え，それを**空集合**と呼び，$\emptyset$ で表す．

ある条件 P を満たすような x の集合を

$$\{x \mid P\}$$

のように表す. 例えば, $-1 < x < 1$ であるような実数 x の全体は

$$\{x \in \mathbf{R} \mid -1 < x < 1\}$$

と表すことができる.

例 $0 \leqq x < 1$ である x の集合を I, $-1 < x < 1$ である x の集合を J とすると

- $I \subset J$
- $\dfrac{1}{2} \in I$
- $x \in J$ のとき, $x^2 \in I$ であることに注意すると,

$$\{x^2 \mid x \in J\} = I$$

である.

問 題

8.1 $|z| < 1$ を満たす複素数の全体を A, $|z-1| < 2$ を満たす複素数の全体を B とするとき, 次を示せ.
  (1) $i \in B$ であるが, $i \notin A$ を示せ.
  (2) $A \subset B$ を示せ.

8.2 $\boldsymbol{a} = \begin{bmatrix} 2 \\ -1 \end{bmatrix}, \boldsymbol{b} = \begin{bmatrix} -2 \\ 3 \end{bmatrix}, V = \left\{ \boldsymbol{x} = \begin{bmatrix} x \\ y \end{bmatrix} \middle| x + y = 1 \right\}$ とするとき, 次を示せ.
  (1) $\boldsymbol{a} \in V, \boldsymbol{b} \in V$ を示せ.
  (2) $0 < t < 1$ のとき, $t\boldsymbol{a} + (1-t)\boldsymbol{b} \in V$ を示せ.

8.2 写 像

2つの集合 X, Y がある.X の各要素 $x \in X$ について,Y の要素 y を定める f を X から Y への**写像**といい,$y = f(x)$ と表す.

例えば,各実数 x に対して,x^2 を対応させる写像 f は

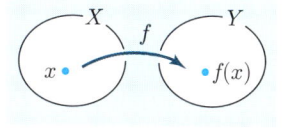

$$f(x) = x^2$$

と表される.

問 題

8.3 あみだくじによって,$X = \{1, 2, 3, 4, 5\}$ から $Y = \{A, B, C, D, E\}$ への写像 f を定める.このとき,$f(1), f(2), f(3), f(4), f(5)$ を求めよ.

8.4 次のように文字が並んでいる:

mathematicsmathematicsmathematicsmath

左から n 番目の文字を $f(n)$ と表すとき,次を求めよ.

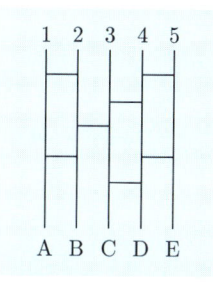

$$f(5),\ f(10),\ f(15),\ f(20),\ f(25)$$

8.5 実数 x を

$$x = n + p, \qquad n:\text{整数},\ 0 \leqq p < 1$$

と表すとき,$f(x) = p$ と定める.例えば,

$$f\left(\frac{1}{3}\right) = \frac{1}{3}$$

$$f\left(\frac{4}{3}\right) = f\left(1 + \frac{1}{3}\right) = \frac{1}{3}$$

$$f\left(-\frac{1}{3}\right) = f\left(-1 + \frac{2}{3}\right) = \frac{2}{3}$$

このとき,$y = f(x)$ のグラフをかけ.

8.3 部分空間

実数の全体 R または複素数の全体 C のどちらかを K と表す．K の数からなる n 次列ベクトル

$$x = \begin{bmatrix} x_1 \\ x_2 \\ \vdots \\ x_n \end{bmatrix}$$

の全体を K^n と表す．K^n の空でない部分集合 V が**部分空間**であるとは，次の 2 つの条件が成り立つときをいう：

(i) $x, y \in V$ であれば，$x + y \in V$ である．

(ii) $k \in K, x \in V$ であれば，$kx \in V$ である．

K^n のベクトル $a_1, a_2, \ldots, a_m$ と数 $\alpha_1, \alpha_2, \ldots, \alpha_m \in K$ に対して，

$$\alpha_1 a_1 + \alpha_2 a_2 + \cdots + \alpha_m a_m$$

の形のベクトルを $a_1, a_2, \ldots, a_m$ の**一次結合**と呼ぶ．$a_1, a_2, \ldots, a_m$ の一次結合の全体を

$$\langle a_1, a_2, \ldots, a_m \rangle$$

と表し，$a_1, a_2, \ldots, a_m$ によって**生成された部分空間**と呼ぶ．

定理 8.1 部分空間 V は零ベクトル 0 を含む．実際，$x \in V$ のとき，$(-1)x \in V$ だから

$$0 = x + (-1)x \in V$$

である．

8.3 部分空間

例題 8.1 ──────────────────────── 部分空間

$V = \langle a_1, a_2, \ldots, a_m \rangle$ は部分空間であることを示せ．

解答 V の要素 x, y は

$$x = \alpha_1 a_1 + \alpha_2 a_2 + \cdots + \alpha_m a_m$$
$$y = \beta_1 a_1 + \beta_2 a_2 + \cdots + \beta_m a_m$$

と表される．このとき，

$$x + y = (\alpha_1 + \beta_1) a_1 + (\alpha_2 + \beta_2) a_2 + \cdots + (\alpha_m + \beta_m) a_m$$

よって，$x+y$ もまた $a_1, a_2, \ldots, a_m$ の一次結合だから

$$x + y \in V$$

となり，部分空間の条件 (i) が満たされる．

さらに，$k \in K$ に対して，

$$kx = (k\alpha_1) a_1 + (k\alpha_2) a_2 + \cdots + (k\alpha_m) a_m$$

よって，kx もまた $a_1, a_2, \ldots, a_m$ の一次結合だから

$$kx \in V$$

となり，部分空間の条件 (ii) が満たされる． □

注意 $\langle a, a \rangle = \langle a \rangle$, $\langle a, a, a \rangle = \langle a \rangle$, $\langle a, a, a, a \rangle = \langle a \rangle$, $\cdots$
である．また，

$$\langle a, b, a+b \rangle = \langle a, b \rangle$$

である (各自で証明してみよう)．したがって，部分空間 $V = \langle a_1, a_2, \ldots, a_m \rangle$ をできるだけ少ないベクトルを用いて表すことを考えよう．後で，それらのベクトルを部分空間 V の基底，その個数を次元と呼ぶ．

例題 8.2 ―― 部分空間

$V = \left\{ \begin{bmatrix} x \\ y \\ z \end{bmatrix} \middle| \ x + y + z = 0 \right\}$ とする．

(1) $\boldsymbol{a} = \begin{bmatrix} -1 \\ 1 \\ 0 \end{bmatrix}, \boldsymbol{b} = \begin{bmatrix} -1 \\ 0 \\ 1 \end{bmatrix}$ とするとき，$\boldsymbol{a} \in V, \boldsymbol{b} \in V$ を示せ．

(2) $V = \langle \boldsymbol{a}, \boldsymbol{b} \rangle$ を示せ．

解答 (1) $\boldsymbol{a}$ の各成分の和をとると

$$(-1) + 1 + 0 = 0$$

であるから，$\boldsymbol{a} \in V$ である．同様に，$\boldsymbol{b} \in V$ も示される．

(2) $\boldsymbol{x} = \begin{bmatrix} x \\ y \\ z \end{bmatrix} \in V$ とすると，$x + y + z = 0$ だから

$$x = -y - z$$

このとき，

$$\begin{bmatrix} x \\ y \\ z \end{bmatrix} = y \begin{bmatrix} -1 \\ 1 \\ 0 \end{bmatrix} + z \begin{bmatrix} -1 \\ 0 \\ 1 \end{bmatrix} = y\boldsymbol{a} + z\boldsymbol{b}$$

よって，$\boldsymbol{x}$ は $\boldsymbol{a}, \boldsymbol{b}$ の一次結合で表されたので，

$$\boldsymbol{x} \in \langle \boldsymbol{a}, \boldsymbol{b} \rangle$$

すなわち，$V \subset \langle \boldsymbol{a}, \boldsymbol{b} \rangle$ である．

逆に，$\boldsymbol{a}, \boldsymbol{b}$ の一次結合

$$\boldsymbol{x} = \alpha \boldsymbol{a} + \beta \boldsymbol{b} = \alpha \begin{bmatrix} -1 \\ 1 \\ 0 \end{bmatrix} + \beta \begin{bmatrix} -1 \\ 0 \\ 1 \end{bmatrix} = \begin{bmatrix} -\alpha - \beta \\ \alpha \\ \beta \end{bmatrix}$$

とすると，

$$\begin{cases} x = -\alpha - \beta \\ y = \alpha \\ z = \beta \end{cases}$$

よって，

$$x + y + z = (-\alpha - \beta) + \alpha + \beta = 0$$

したがって，a, b の一次結合はすべて V に属する．すなわち，

$$\langle a, b \rangle \subset V$$

である．

以上から，$V \subset \langle a, b \rangle$ かつ $\langle a, b \rangle \subset V$ だから，$V = \langle a, b \rangle$ が示された． □

問題

8.6 (1) $V = \left\{ \begin{bmatrix} x \\ y \\ z \end{bmatrix} \middle| \ x + 2y + 3z = 0 \right\} = \langle a, b \rangle$

となる a, b を求めよ．

(2) $W = \left\{ \begin{bmatrix} x \\ y \\ z \end{bmatrix} \middle| \ x + y + 2z = 0, x + 2y + z = 0 \right\} = \langle c \rangle$

となる c を求めよ．

8.4 基底と次元

K^n の部分空間 V に対して,

(V1) $V = \langle a_1, a_2, ..., a_m \rangle$ 　　(V2) $a_1, a_2, ..., a_m$ は K 上一次独立

を満たすベクトルの系 $a_1, a_2, ..., a_m$ が存在するとき, V の**次元**は m といい,

$$\dim V = m$$

と表す. また, $\{a_1, a_2, \ldots, a_m\}$ を V の**基底**という.

例題 8.3 ──────────────── 部分空間の基底と次元

$V = \left\{ \begin{bmatrix} x \\ y \\ z \end{bmatrix} \middle| x+y+z=0 \right\}$ の基底と次元を求めよ.

解答 例題 8.2 によると $V = \left\langle \begin{bmatrix} -1 \\ 1 \\ 0 \end{bmatrix}, \begin{bmatrix} -1 \\ 0 \\ 1 \end{bmatrix} \right\rangle$ となる.

$a = \begin{bmatrix} -1 \\ 1 \\ 0 \end{bmatrix}, b = \begin{bmatrix} -1 \\ 0 \\ 1 \end{bmatrix}$ は一次独立であるから, これらが基底を作り, したがって, V の次元は 2 である. □

問　題

8.7 (1) $V = \left\{ \begin{bmatrix} x \\ y \\ z \end{bmatrix} \middle| x+2y+3z=0 \right\}$ の基底と次元を求めよ.

(2) $W = \left\{ \begin{bmatrix} x \\ y \\ z \end{bmatrix} \middle| x+y+2z=0, x+2y+z=0 \right\}$ の基底と次元を求めよ.

8.4 基底と次元

例題 8.4 ────────────────── 基底と次元 ─

$$a_1 = \begin{bmatrix} 1 \\ 2 \\ 3 \end{bmatrix}, a_2 = \begin{bmatrix} 2 \\ 3 \\ 4 \end{bmatrix}, a_3 = \begin{bmatrix} 3 \\ 4 \\ 5 \end{bmatrix}$$ のとき, $V = \langle a_1, a_2, a_3 \rangle$ の基底と次元を求めよ.

解答 掃き出し法を利用して解く.
右の表から, a_1, a_2 は一次独立で

$$a_3 = \boxed{(-1)} a_1 + \boxed{2} a_2$$

より, a_1, a_2, a_3 は一次従属である. このとき, a_1, a_2, a_3 の一次結合

$$\alpha_1 a_1 + \alpha_2 a_2 + \alpha_3 a_3$$
$$= \alpha_1 a_1 + \alpha_2 a_2 + \alpha_3 \{(-1)a_1 + 2a_2\}$$
$$= (\alpha_1 - \alpha_3) a_1 + (\alpha_2 + 2\alpha_3) a_2$$

は, a_1, a_2 の一次結合である.

したがって, V の次元は 2 で $\{a_1, a_2\}$ は V の基底を作る.

a_1	a_2	a_3	計算式
1	2	3	①
2	3	4	②
3	4	5	③
1	2	3	④ = ①
0	−1	−2	⑤ = ② − 2 × ①
0	−2	−4	⑥ = ③ − 3 × ①
1	0	−1	⑦ = ④ + 2 × ⑤
0	1	2	⑧ = − ⑤
0	0	0	⑨ = ⑥ − 2 × ⑤
e_1	e_2		

問題

8.8 (1) $a_1 = \begin{bmatrix} 1 \\ -1 \\ -1 \end{bmatrix}, a_2 = \begin{bmatrix} -1 \\ -1 \\ 1 \end{bmatrix}, a_3 = \begin{bmatrix} 1 \\ -3 \\ -1 \end{bmatrix}$ のとき, $V = \langle a_1, a_2, a_3 \rangle$ の基底と次元を求めよ.

(2) $a_1 = \begin{bmatrix} 1 \\ -1 \\ -1 \\ -1 \end{bmatrix}, a_2 = \begin{bmatrix} -1 \\ -1 \\ 1 \\ 1 \end{bmatrix}, a_3 = \begin{bmatrix} 1 \\ -3 \\ -1 \\ -1 \end{bmatrix}, a_4 = \begin{bmatrix} 2 \\ 0 \\ -2 \\ -2 \end{bmatrix}$

のとき, $W = \langle a_1, a_2, a_3, a_4 \rangle$ の基底と次元を求めよ.

8.5 線形写像

2つの部分空間 V, W に対して，V から W への写像 T が**線形写像**であるとは，次の条件が満たされるときをいう：

(T1)　$\boldsymbol{x}, \boldsymbol{y} \in V$ に対して，$T(\boldsymbol{x}+\boldsymbol{y}) = T(\boldsymbol{x}) + T(\boldsymbol{y})$
(T2)　$\boldsymbol{x} \in V,\ k \in \boldsymbol{K}$ に対して，$T(k\boldsymbol{x}) = kT(\boldsymbol{x})$

A が $m \times n$ 行列であるとき，写像

$$T\left(\begin{bmatrix} x_1 \\ x_2 \\ \vdots \\ x_n \end{bmatrix}\right) = A \begin{bmatrix} x_1 \\ x_2 \\ \vdots \\ x_n \end{bmatrix}$$

は，行列の積の性質に注意すると，$\boldsymbol{K}^n$ から $\boldsymbol{K}^m$ への線形写像であることがわかる．このとき，A は線形写像 T の**表現行列**という．

例題 8.5 ────────────────── 線形写像 ─

点 (x, y) を原点のまわりに θ だけ回転した点を (X, Y) として，写像

$$T\left(\begin{bmatrix} x \\ y \end{bmatrix}\right) = \begin{bmatrix} X \\ Y \end{bmatrix}$$

を考える．このとき，T は線形写像であることを示し，表現行列を求めよ．

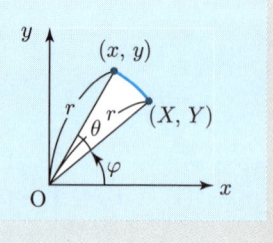

解答　点 (x, y) を原点のまわりに θ だけ回転した点を (X, Y) とすると，複素数の極形式と例題 3.3 (p.25) を用いて

$$X + iY = (x + iy)(\cos\theta + i\sin\theta)$$

実部と虚部を比べると

$$X = x\cos\theta - y\sin\theta, \quad Y = x\sin\theta + y\cos\theta$$

よって，
$$\begin{bmatrix} X \\ Y \end{bmatrix} = \begin{bmatrix} \cos\theta & -\sin\theta \\ \sin\theta & \cos\theta \end{bmatrix} \begin{bmatrix} x \\ y \end{bmatrix}$$

そこで，$A = \begin{bmatrix} \cos\theta & -\sin\theta \\ \sin\theta & \cos\theta \end{bmatrix}$ は T の表現行列で

$$T(\boldsymbol{x}) = A\boldsymbol{x}, \quad \boldsymbol{x} = \begin{bmatrix} x \\ y \end{bmatrix}$$

したがって，
$$T\left(\begin{bmatrix} x \\ y \end{bmatrix} + \begin{bmatrix} x' \\ y' \end{bmatrix}\right) = A\left(\begin{bmatrix} x \\ y \end{bmatrix} + \begin{bmatrix} x' \\ y' \end{bmatrix}\right)$$
$$= A\begin{bmatrix} x \\ y \end{bmatrix} + A\begin{bmatrix} x' \\ y' \end{bmatrix} = T\left(\begin{bmatrix} x \\ y \end{bmatrix}\right) + T\left(\begin{bmatrix} x' \\ y' \end{bmatrix}\right)$$

かつ
$$T\left(k\begin{bmatrix} x \\ y \end{bmatrix}\right) = A\left(k\begin{bmatrix} x \\ y \end{bmatrix}\right) = kA\begin{bmatrix} x \\ y \end{bmatrix} = kT\left(\begin{bmatrix} x \\ y \end{bmatrix}\right)$$

であるから，T は線形写像である． □

問題

8.9 点 (x,y) を x 軸方向に a，y 軸方向に b だけ平行移動した点を (X,Y) として，次の写像を考える：

$$T\left(\begin{bmatrix} x \\ y \end{bmatrix}\right) = \begin{bmatrix} X \\ Y \end{bmatrix}$$

このとき，$(a,b) \neq (0,0)$ のとき，T は線形写像でないことを示せ．

8.10 写像 $T\left(\begin{bmatrix} x \\ y \\ z \end{bmatrix}\right) = \begin{bmatrix} x+2y+3z \\ 2x+3y+4z \\ 3x+4y+5z \end{bmatrix}$ の表現行列を求めよ．

8.6 線形写像の像と核

T は部分空間 V から部分空間 W への線形写像とする．このとき，V に属するベクトルの T による像の全体

$$\mathrm{Im}\,T = \{T(x) \mid x \in V\}$$

を V の T による像 (Image) という．この像を $T(V)$ と表すこともある．

さらに，$T(x) = 0$ となるような $x \in V$ の全体

$$\mathrm{Ker}\,T = \{x \in V \mid T(x) = 0\}$$

を T の核 (Kernel) という．これを $T^{-1}(\{0\})$ と表すこともある．

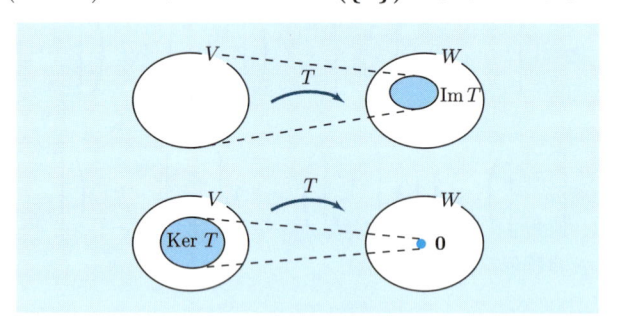

定理 8.2 (1) $\mathrm{Im}\,T$ は W の部分空間である．
(2) $\mathrm{Ker}\,T$ は V の部分空間である．

証明 (1) $z, w \in \mathrm{Im}\,T$ とすると $z = T(x)$, $w = T(y)$ となる $x, y \in V$ が存在する．このとき

$$z + w = T(x) + T(y) = T(x + y) \in \mathrm{Im}\,T$$

また，$k \in K$ に対して

$$kz = kT(x) = T(kx) \in \mathrm{Im}\,T$$

であるから $\mathrm{Im}\,T$ は部分空間である．

(2) も同様に示すことができる． □

8.6 線形写像の像と核

例題 8.6 ———————————————————————— 線形写像の像と核 ——

線形写像
$$T\left(\begin{bmatrix} x \\ y \\ z \end{bmatrix}\right) = \begin{bmatrix} 1 & 2 & 3 \\ 2 & 3 & 4 \\ 3 & 4 & 5 \end{bmatrix} \begin{bmatrix} x \\ y \\ z \end{bmatrix}$$
の像と核の基底と次元を求めよ．

解答 例題 8.4 のように $A = \begin{bmatrix} 1 & 2 & 3 \\ 2 & 3 & 4 \\ 3 & 4 & 5 \end{bmatrix}$ の列ベクトルを順に $\boldsymbol{a}_1, \boldsymbol{a}_2, \boldsymbol{a}_3$ とすると，

$$T\left(\begin{bmatrix} x \\ y \\ z \end{bmatrix}\right) = \begin{bmatrix} 1 & 2 & 3 \\ 2 & 3 & 4 \\ 3 & 4 & 5 \end{bmatrix} \begin{bmatrix} x \\ y \\ z \end{bmatrix}$$
$$= x\boldsymbol{a}_1 + y\boldsymbol{a}_2 + z\boldsymbol{a}_3$$

すなわち，$T\left(\begin{bmatrix} x \\ y \\ z \end{bmatrix}\right)$ は $\boldsymbol{a}_1, \boldsymbol{a}_2, \boldsymbol{a}_3$ の一次結合であるから，

$$\operatorname{Im} T = \langle \boldsymbol{a}_1, \boldsymbol{a}_2, \boldsymbol{a}_3 \rangle$$

よって，例題 8.4 から，$\{\boldsymbol{a}_1, \boldsymbol{a}_2\}$ は T の像の基底でその次元は 2 である．

$T\left(\begin{bmatrix} x \\ y \\ z \end{bmatrix}\right) = \boldsymbol{0}$ とすると，$\begin{bmatrix} x \\ y \\ z \end{bmatrix}$ は連立 1 次方程式

$$x\boldsymbol{a}_1 + y\boldsymbol{a}_2 + z\boldsymbol{a}_3 = \boldsymbol{0}$$

の解である．例題 8.4 の掃き出し法の表の最後から，$\begin{bmatrix} x \\ y \\ z \end{bmatrix}$ は連立 1 次方程式

$$\begin{cases} x & - & z & = & 0 \\ & y & + & 2z & = & 0 \end{cases}$$

の解である．よって，

$$\begin{bmatrix} x \\ y \\ z \end{bmatrix} = z \begin{bmatrix} 1 \\ -2 \\ 1 \end{bmatrix}$$

したがって，$\mathrm{Ker}\, T = \left\langle \begin{bmatrix} 1 \\ -2 \\ 1 \end{bmatrix} \right\rangle$ である．すなわち，T の核の次元は 1 でその

基底は $\left\{ \begin{bmatrix} 1 \\ -2 \\ 1 \end{bmatrix} \right\}$ である． □

問 題

8.11 次の線形写像の像と核の基底と次元を求めよ．

(1) $T\left(\begin{bmatrix} x \\ y \\ z \end{bmatrix}\right) = \begin{bmatrix} x+y+z \\ 2y+4z \end{bmatrix}$

(2) $T\left(\begin{bmatrix} x \\ y \\ z \end{bmatrix}\right) = \begin{bmatrix} 2 & 1 & 1 \\ 1 & 2 & 1 \\ 3 & 3 & 2 \end{bmatrix} \begin{bmatrix} x \\ y \\ z \end{bmatrix}$

発展問題 8

1 部分空間 V から部分空間 W への線形写像 F を考える．$\bm{x}_1, \bm{x}_2 \in V$ かつ $F(\bm{x}_1) = F(\bm{x}_2)$ ならば，$\bm{x}_1 = \bm{x}_2$ となるとき，F は **1 対 1** であるという．
 (1) F が 1 対 1 写像であるための必要十分条件は
$$\mathrm{Ker}\, F = \{\bm{0}\}$$
であることを示せ．
 (2) F は 1 対 1 写像とする．このとき，$\bm{x}_1, \bm{x}_2, \ldots, \bm{x}_m \in V$ が一次独立であれば，$F(\bm{x}_1), F(\bm{x}_2), \ldots, F(\bm{x}_m) \in W$ も一次独立であることを示せ．
 (3) F が 1 対 1 写像であるとき，$\mathrm{Im}\, F$ の次元と V の次元は一致することを示せ．

2 K^4 から K^4 への線形写像
$$F\left(\begin{bmatrix} x_1 \\ x_2 \\ x_3 \\ x_4 \end{bmatrix}\right) = \begin{bmatrix} a & 1 & 1 & 1 \\ 1 & a & 1 & 1 \\ 1 & 1 & a & 1 \\ 1 & 1 & 1 & a \end{bmatrix} \begin{bmatrix} x_1 \\ x_2 \\ x_3 \\ x_4 \end{bmatrix}$$
について
 (1) F が 1 対 1 であるときの a の条件を求めよ．
 (2) F が 1 対 1 でないとき，$\mathrm{Ker}\, F$ と $\mathrm{Im}\, F$ の基底と次元を求めよ．

3 2 次以下の多項式 $p(x) = ax^2 + bx + c$ に対して次のように定義する．
$$T(p) = \begin{bmatrix} a \\ b \\ c \end{bmatrix}$$
 (1) 2 次以下の多項式 p, q に対して $T(p+q) = T(p) + T(q)$ を示せ．
 (2) 2 次以下の多項式 p と数 k に対して $T(kp) = kT(p)$ を示せ．
 (3) 多項式 $p(x) = ax^2 + bx + c$ の微分 $p'(x)$ に対して $T(p')$ を求めよ．
 (4) 多項式 $p(x) = ax^2 + bx + c$ に対して $q(x) = \int_{-1}^{1} (x-t)^2 p(t) dt$ とするとき，$T(q)$ を求めよ．

第9章

行列の対角化

9.1 固有値と固有ベクトル

n 次正方行列 A に対して,正則行列 P と数 $\lambda_1, \lambda_2, \ldots, \lambda_n$ が存在して

$$(*) \quad P^{-1}AP = \begin{bmatrix} \lambda_1 & 0 & \cdots & \cdots & \cdots & 0 \\ 0 & \lambda_2 & \ddots & & & \vdots \\ \vdots & \ddots & \ddots & \ddots & & \vdots \\ \vdots & & \ddots & \ddots & \ddots & \vdots \\ \vdots & & & \ddots & \ddots & 0 \\ 0 & \cdots & \cdots & \cdots & 0 & \lambda_n \end{bmatrix}$$

となるとき,A は対角化可能という.このとき,P を左からかけると

$$AP = P \begin{bmatrix} \lambda_1 & 0 & \cdots & \cdots & 0 \\ 0 & \lambda_2 & \ddots & & \vdots \\ \vdots & \ddots & \ddots & \ddots & \vdots \\ \vdots & & \ddots & \ddots & \vdots \\ \vdots & & & \ddots & 0 \\ 0 & \cdots & \cdots & 0 & \lambda_n \end{bmatrix}$$

P の列ベクトルを $\bm{p}_1, \bm{p}_2, \ldots, \bm{p}_n$ とすると

$$\begin{bmatrix} A\bm{p}_1 & A\bm{p}_2 & \cdots & A\bm{p}_n \end{bmatrix} = \begin{bmatrix} \lambda_1 \bm{p}_1 & \lambda_2 \bm{p}_2 & \cdots & \lambda_n \bm{p}_n \end{bmatrix}$$

よって，

(**) $\quad A\boldsymbol{p}_1 = \lambda_1 \boldsymbol{p}_1, \quad A\boldsymbol{p}_2 = \lambda_2 \boldsymbol{p}_2, \quad \cdots, \quad A\boldsymbol{p}_n = \lambda_n \boldsymbol{p}_n$

である．そこで，

$$A\boldsymbol{p} = \lambda \boldsymbol{p}, \quad \boldsymbol{p} \neq \boldsymbol{0}$$

のとき，λ を**固有値**，$\boldsymbol{p}$ を**固有値 λ に属する固有ベクトル**という．したがって，(*) において，$\lambda_1, \lambda_2, \ldots, \lambda_n$ は A の固有値，P の列ベクトル $\boldsymbol{p}_j$ は固有値 λ_j に属する固有ベクトルである．

定理 9.1 n 次の正方行列 A に対して，λ が A の固有値であるための必要十分条件は

$$|\lambda E - A| = 0 \qquad \text{(固有方程式)}$$

ここに，E は n 次の単位行列である．この λ についての n 次方程式は**固有方程式**と呼ばれる．

証明 λ が A の固有値であるとき，

$$A\boldsymbol{p} = \lambda \boldsymbol{p}$$

となる $\boldsymbol{p} \neq \boldsymbol{0}$ が存在する．このとき，

$$(\lambda E - A)\boldsymbol{p} = \boldsymbol{0}$$

この連立 1 次方程式が $\boldsymbol{p} \neq \boldsymbol{0}$ となる解をもつためには，$\lambda E - A$ が逆行列をもたないときである．定理 6.6 によると，

$$|\lambda E - A| = 0$$

となる．

逆に，$|\lambda E - A| = 0$ であれば，系 7.6 (p.114) より

$$(\lambda E - A)\boldsymbol{p} = \boldsymbol{0}$$

となる $\boldsymbol{p}$ が存在する．よって λ は A の固有値である． □

例題 9.1 ─ 固有値と固有方程式

次の行列の固有方程式を解いて,固有値を求めよ.

(1) $\begin{bmatrix} 1 & 1 \\ 1 & 1 \end{bmatrix}$ (2) $\begin{bmatrix} a & 0 & 0 \\ 0 & b & 0 \\ 0 & 0 & c \end{bmatrix}$

解答 (1) 固有方程式は

$$\left| \lambda \begin{bmatrix} 1 & 0 \\ 0 & 1 \end{bmatrix} - \begin{bmatrix} 1 & 1 \\ 1 & 1 \end{bmatrix} \right| = \begin{vmatrix} \lambda - 1 & -1 \\ -1 & \lambda - 1 \end{vmatrix}$$
$$= (\lambda - 1)^2 - 1 = \lambda(\lambda - 2) = 0$$

であるから,固有値は $\lambda = 0, 2$ である.

(2) 固有方程式は

$$\left| \lambda \begin{bmatrix} 1 & 0 & 0 \\ 0 & 1 & 0 \\ 0 & 0 & 1 \end{bmatrix} - \begin{bmatrix} a & 0 & 0 \\ 0 & b & 0 \\ 0 & 0 & c \end{bmatrix} \right| = \begin{vmatrix} \lambda - a & 0 & 0 \\ 0 & \lambda - b & 0 \\ 0 & 0 & \lambda - c \end{vmatrix}$$
$$= (\lambda - a)(\lambda - b)(\lambda - c) = 0$$

であるから,固有値は $\lambda = a, b, c$ である.

問題

9.1 次の行列の固有方程式を解いて,固有値を求めよ.

(1) $\begin{bmatrix} 1 & 1 \\ 3 & -1 \end{bmatrix}$ (2) $\begin{bmatrix} 1 & -1 & 0 \\ 1 & 3 & 0 \\ 0 & 0 & 2 \end{bmatrix}$

9.1 固有値と固有ベクトル

例題 9.2 ─────────────────── 固有値と固有ベクトル ─

次の行列の固有値と固有ベクトルを求めよ.

(1) $\begin{bmatrix} 1 & 2 \\ 2 & 1 \end{bmatrix}$ (2) $\begin{bmatrix} 1 & 1 & 1 \\ 0 & 2 & 2 \\ 0 & 0 & 3 \end{bmatrix}$

解答 (1) 固有方程式

$$\begin{vmatrix} \lambda - 1 & -2 \\ -2 & \lambda - 1 \end{vmatrix} = (\lambda - 1)^2 - 4 = 0$$

を解くと, 固有値は $\lambda = -1, 3$ である.

(i) $\lambda = -1$ のとき, 固有ベクトル $\boldsymbol{x} = \begin{bmatrix} x_1 \\ x_2 \end{bmatrix}$ は

$$((-1)E - A)\begin{bmatrix} x_1 \\ x_2 \end{bmatrix} = \begin{bmatrix} -2 & -2 \\ -2 & -2 \end{bmatrix}\begin{bmatrix} x_1 \\ x_2 \end{bmatrix} = \begin{bmatrix} 0 \\ 0 \end{bmatrix}$$

の解である. そこで, $-2x_1 - 2x_2 = 0$ より $x_1 = -x_2$ だから

$$\begin{bmatrix} x_1 \\ x_2 \end{bmatrix} = \begin{bmatrix} -x_2 \\ x_2 \end{bmatrix} = x_2 \begin{bmatrix} -1 \\ 1 \end{bmatrix}$$

$x_2 = t$ とおくと, 固有ベクトルは $t\begin{bmatrix} -1 \\ 1 \end{bmatrix}$ である. ここに, $t \neq 0$ である.

(ii) $\lambda = 3$ のとき, 固有ベクトル $\boldsymbol{x} = \begin{bmatrix} x_1 \\ x_2 \end{bmatrix}$ は

$$(3E - A)\begin{bmatrix} x_1 \\ x_2 \end{bmatrix} = \begin{bmatrix} 2 & -2 \\ -2 & 2 \end{bmatrix}\begin{bmatrix} x_1 \\ x_2 \end{bmatrix} = \begin{bmatrix} 0 \\ 0 \end{bmatrix}$$

の解である. そこで, $2x_1 - 2x_2 = 0$ より, $x_1 = x_2$ だから

$$\begin{bmatrix} x_1 \\ x_2 \end{bmatrix} = \begin{bmatrix} x_2 \\ x_2 \end{bmatrix} = x_2 \begin{bmatrix} 1 \\ 1 \end{bmatrix}$$

$x_2 = t$ とおくと,固有ベクトルは $t \begin{bmatrix} 1 \\ 1 \end{bmatrix}$ である.ここに,$t \neq 0$ である.

(2) 固有方程式

$$\begin{vmatrix} \lambda - 1 & -1 & -1 \\ 0 & \lambda - 2 & -2 \\ 0 & 0 & \lambda - 3 \end{vmatrix} = (\lambda - 1)(\lambda - 2)(\lambda - 3) = 0$$

を解くと,固有値は $\lambda = 1, 2, 3$ である.

(i) $\lambda = 1$ のとき,固有ベクトル $\boldsymbol{x} = \begin{bmatrix} x_1 \\ x_2 \\ x_3 \end{bmatrix}$ は

$$(\lambda E - A) \begin{bmatrix} x_1 \\ x_2 \\ x_3 \end{bmatrix} = \begin{bmatrix} 0 & -1 & -1 \\ 0 & -1 & -2 \\ 0 & 0 & -2 \end{bmatrix} \begin{bmatrix} x_1 \\ x_2 \\ x_3 \end{bmatrix} = \begin{bmatrix} 0 \\ 0 \\ 0 \end{bmatrix}$$

の解である.そこで,

$$-x_2 - x_3 = 0, \quad -x_2 - 2x_3 = 0, \quad -2x_3 = 0$$

から,$x_2 = x_3 = 0$ となる.よって,固有ベクトルは

$$\begin{bmatrix} x_1 \\ x_2 \\ x_3 \end{bmatrix} = \begin{bmatrix} x_1 \\ 0 \\ 0 \end{bmatrix} = x_1 \begin{bmatrix} 1 \\ 0 \\ 0 \end{bmatrix}$$

$x_1 = t$ とおくと,固有ベクトルは $t \begin{bmatrix} 1 \\ 0 \\ 0 \end{bmatrix}$ である.ここに,$t \neq 0$ である.

(ii) $\lambda = 2$ のとき,固有ベクトル $\boldsymbol{x} = \begin{bmatrix} x_1 \\ x_2 \\ x_3 \end{bmatrix}$ は

9.1 固有値と固有ベクトル

$$(\lambda E - A)\begin{bmatrix} x_1 \\ x_2 \\ x_3 \end{bmatrix} = \begin{bmatrix} 1 & -1 & -1 \\ 0 & 0 & -2 \\ 0 & 0 & -1 \end{bmatrix}\begin{bmatrix} x_1 \\ x_2 \\ x_3 \end{bmatrix} = \begin{bmatrix} 0 \\ 0 \\ 0 \end{bmatrix}$$

の解である. そこで,

$$x_1 - x_2 - x_3 = 0, \quad -2x_3 = 0, \quad -x_3 = 0$$

より, $x_1 = x_2$, $x_3 = 0$ となるので,

$$\begin{bmatrix} x_1 \\ x_2 \\ x_3 \end{bmatrix} = \begin{bmatrix} x_2 \\ x_2 \\ 0 \end{bmatrix} = x_2 \begin{bmatrix} 1 \\ 1 \\ 0 \end{bmatrix}$$

$x_2 = t$ とおくと, 固有ベクトルは $t\begin{bmatrix} 1 \\ 1 \\ 0 \end{bmatrix}$ である. ここに, $t \neq 0$ である.

(iii) $\lambda = 3$ のとき, 固有ベクトル $\boldsymbol{x} = \begin{bmatrix} x_1 \\ x_2 \\ x_3 \end{bmatrix}$ は

$$(\lambda E - A)\begin{bmatrix} x_1 \\ x_2 \\ x_3 \end{bmatrix} = \begin{bmatrix} 2 & -1 & -1 \\ 0 & 1 & -2 \\ 0 & 0 & 0 \end{bmatrix}\begin{bmatrix} x_1 \\ x_2 \\ x_3 \end{bmatrix} = \begin{bmatrix} 0 \\ 0 \\ 0 \end{bmatrix}$$

の解である. そこで,

$$2x_1 - x_2 - x_3 = 0, \quad x_2 - x_3 = 0$$

より, $x_1 = x_3$, $x_2 = x_3$ となるので

$$\begin{bmatrix} x_1 \\ x_2 \\ x_3 \end{bmatrix} = \begin{bmatrix} x_3 \\ x_3 \\ x_3 \end{bmatrix} = x_3 \begin{bmatrix} 1 \\ 1 \\ 1 \end{bmatrix}$$

$x_3 = t$ とおくと,固有ベクトルは $t\begin{bmatrix} 1 \\ 1 \\ 1 \end{bmatrix}$ である.ここに,$t \neq 0$ である. □

この例題 (1) または (2) で作られた固有ベクトルは一次独立であることが示される.例えば,(2) のとき

$$\boldsymbol{x}_1 = \begin{bmatrix} 1 \\ 0 \\ 0 \end{bmatrix}, \quad \boldsymbol{x}_2 = \begin{bmatrix} 1 \\ 1 \\ 0 \end{bmatrix}, \quad \boldsymbol{x}_3 = \begin{bmatrix} 1 \\ 1 \\ 1 \end{bmatrix}$$

は順に固有値 $\lambda = 1, 2, 3$ に属する固有ベクトルである.このとき

$$\begin{vmatrix} \boldsymbol{x}_1 & \boldsymbol{x}_2 & \boldsymbol{x}_3 \end{vmatrix} = \begin{vmatrix} 1 & 1 & 1 \\ 0 & 1 & 1 \\ 0 & 0 & 1 \end{vmatrix} = 1$$

であるから,定理 7.4 より $\boldsymbol{x}_1, \boldsymbol{x}_2, \boldsymbol{x}_3$ は一次独立である.

実際,次の性質に注意しよう.

> **注意** n 次正方行列 A に対して,A の異なる固有値に属する固有ベクトルは一次独立である.

この性質は発展問題として残される.

問題

9.2 次の行列の固有値と固有ベクトルを求めよ.

(1) $\begin{bmatrix} 1 & 1 \\ 3 & -1 \end{bmatrix}$ (2) $\begin{bmatrix} 1 & 0 & 0 \\ 0 & 2 & 0 \\ 0 & 0 & 3 \end{bmatrix}$

(3) $\begin{bmatrix} 1 & 2 \\ -2 & 1 \end{bmatrix}$ (4) $\begin{bmatrix} 1 & 1 & 1 \\ 0 & 1 & 1 \\ 0 & 0 & 1 \end{bmatrix}$

9.2 固有空間

n 次正方行列 A の固有値を λ とするとき，

$$V(\lambda) = \{x \mid Ax = \lambda x\}$$

を**固有値 λ に属する固有空間**という．このとき，$V(\lambda)$ は λ に属する固有ベクトルをすべて含む部分空間である．実際，$V(\lambda)$ が部分空間であることは次のようにして示される：

(i) $x, y \in V(\lambda)$ ならば，

$$A(x+y) = Ax + Ay = \lambda x + \lambda y = \lambda(x+y)$$

だから，$x + y \in V(\lambda)$ である．

(ii) $x \in V(\lambda), k \in K$ ならば，

$$A(kx) = kAx = k\lambda x = \lambda(kx)$$

だから，$kx \in V(\lambda)$ である．

定理 9.2 n 次正方行列 A が対角化できるための必要十分条件は，n 個の一次独立な固有ベクトルが存在することである．

証明 A が正則行列 P で対角化できるとき，すなわち，

$$P^{-1}AP = \begin{bmatrix} \lambda_1 & 0 & \cdots & \cdots & \cdots & 0 \\ 0 & \lambda_2 & \ddots & & & \vdots \\ \vdots & \ddots & \ddots & & & \vdots \\ \vdots & & & \ddots & & \vdots \\ \vdots & & & \ddots & \ddots & 0 \\ 0 & \cdots & \cdots & \cdots & 0 & \lambda_n \end{bmatrix}$$

とすると，P の列ベクトル $\bm{p}_1,\ldots,\bm{p}_n$ に対して，(∗∗) より

$$A\bm{p}_j = \lambda_j \bm{p}_j$$

よって，$\bm{p}_1,\ldots,\bm{p}_n$ は固有ベクトルである．また，P は正則であるので，$\bm{p}_1,\ldots,\bm{p}_n$ は一次独立である．

逆に，$\bm{p}_1,\ldots,\bm{p}_n$ が一次独立な固有ベクトルであるとすると，

$$A\bm{p}_j = \lambda_j \bm{p}_j$$

そこで，$\bm{p}_1,\ldots,\bm{p}_n$ からできる行列を P とすると，P は正則で

$$AP = P \begin{bmatrix} \lambda_1 & 0 & \cdots & \cdots & \cdots & 0 \\ 0 & \lambda_2 & \ddots & & & \vdots \\ \vdots & \ddots & \ddots & \ddots & & \vdots \\ \vdots & & \ddots & \ddots & \ddots & \vdots \\ \vdots & & & \ddots & \ddots & 0 \\ 0 & \cdots & \cdots & \cdots & 0 & \lambda_n \end{bmatrix}$$

すなわち，

$$P^{-1}AP = \begin{bmatrix} \lambda_1 & 0 & \cdots & \cdots & \cdots & 0 \\ 0 & \lambda_2 & \ddots & & & \vdots \\ \vdots & \ddots & \ddots & \ddots & & \vdots \\ \vdots & & \ddots & \ddots & \ddots & \vdots \\ \vdots & & & \ddots & \ddots & 0 \\ 0 & \cdots & \cdots & \cdots & 0 & \lambda_n \end{bmatrix}$$

この定理から次の定理が示される．

定理 9.3 すべての固有空間の次元の総和が n より小さいならば，n 次正方行列 A は対角化できない．

9.2 固有空間

例題 9.3 ――――――――――――――――――行列の対角化―

次の行列の固有値と固有ベクトルを求めて対角化せよ.

(1) $A = \begin{bmatrix} 1 & 2 \\ 2 & 1 \end{bmatrix}$ (2) $B = \begin{bmatrix} 1 & 1 & 1 \\ 0 & 2 & 2 \\ 0 & 0 & 3 \end{bmatrix}$

解答 (1) 例題 9.1 より, 固有値は $\lambda = -1, 3$ で, 固有ベクトルは $\lambda = -1$ のとき, $t\begin{bmatrix} -1 \\ 1 \end{bmatrix}$ で, $\lambda = 3$ のとき, $t\begin{bmatrix} 1 \\ 1 \end{bmatrix}$ である $(t \neq 0)$. そこで,

$$\boldsymbol{p}_1 = \begin{bmatrix} -1 \\ 1 \end{bmatrix}, \quad \boldsymbol{p}_2 = \begin{bmatrix} 1 \\ 1 \end{bmatrix}, \quad P = \begin{bmatrix} \boldsymbol{p}_1 & \boldsymbol{p}_2 \end{bmatrix} = \begin{bmatrix} -1 & 1 \\ 1 & 1 \end{bmatrix}$$

とおく. $|P| = -1 - 1 = -2 \neq 0$ だから, P は正則である. さらに, $\boldsymbol{p}_1, \boldsymbol{p}_2$ は固有値 $-1, 3$ に属する固有値ベクトルであるから,

$$A\boldsymbol{p}_1 = (-1)\boldsymbol{p}_1, \quad A\boldsymbol{p}_2 = 3\boldsymbol{p}_2$$

よって,

$$AP = \begin{bmatrix} A\boldsymbol{p}_1 & A\boldsymbol{p}_2 \end{bmatrix} = \begin{bmatrix} (-1)\boldsymbol{p}_1 & 3\boldsymbol{p}_2 \end{bmatrix}$$
$$= \begin{bmatrix} \boldsymbol{p}_1 & \boldsymbol{p}_2 \end{bmatrix} \begin{bmatrix} -1 & 0 \\ 0 & 3 \end{bmatrix} = P \begin{bmatrix} -1 & 0 \\ 0 & 3 \end{bmatrix}$$

だから, $P^{-1}AP = \begin{bmatrix} -1 & 0 \\ 0 & 3 \end{bmatrix}$ となり, A は対角化された.

(2) 例題 9.2 より, 固有値は $\lambda = 1, 2, 3$ である.

固有ベクトルは $\lambda = 1$ のとき, $t\begin{bmatrix} 1 \\ 0 \\ 0 \end{bmatrix}$, $\lambda = 2$ のとき, $t\begin{bmatrix} 1 \\ 1 \\ 0 \end{bmatrix}$,

$\lambda = 3$ のとき, $t\begin{bmatrix} 1 \\ 1 \\ 1 \end{bmatrix}$ である $(t \neq 0)$. そこで,

$$\boldsymbol{p}_1 = \begin{bmatrix} 1 \\ 0 \\ 0 \end{bmatrix}, \quad \boldsymbol{p}_2 = \begin{bmatrix} 1 \\ 1 \\ 0 \end{bmatrix}, \quad \boldsymbol{p}_3 = \begin{bmatrix} 1 \\ 1 \\ 1 \end{bmatrix}$$

$$P = \begin{bmatrix} \boldsymbol{p}_1 & \boldsymbol{p}_2 & \boldsymbol{p}_3 \end{bmatrix} = \begin{bmatrix} 1 & 1 & 1 \\ 0 & 1 & 1 \\ 0 & 0 & 1 \end{bmatrix}$$

とおくと，$|P|=1 \neq 0$ だから，P は正則である．さらに，$\boldsymbol{p}_1, \boldsymbol{p}_2, \boldsymbol{p}_3$ は固有値 1, 2, 3 に属する固有ベクトルであるから，

$$B\boldsymbol{p}_1 = 1 \cdot \boldsymbol{p}_1, \quad B\boldsymbol{p}_2 = 2\boldsymbol{p}_2, \quad B\boldsymbol{p}_3 = 3\boldsymbol{p}_3$$

である．よって，

$$BP = \begin{bmatrix} B\boldsymbol{p}_1 & B\boldsymbol{p}_2 & B\boldsymbol{p}_3 \end{bmatrix} = \begin{bmatrix} 1 \cdot \boldsymbol{p}_1 & 2\boldsymbol{p}_2 & 3\boldsymbol{p}_3 \end{bmatrix}$$

$$= \begin{bmatrix} \boldsymbol{p}_1 & \boldsymbol{p}_2 & \boldsymbol{p}_3 \end{bmatrix} \begin{bmatrix} 1 & 0 & 0 \\ 0 & 2 & 0 \\ 0 & 0 & 3 \end{bmatrix} = P \begin{bmatrix} 1 & 0 & 0 \\ 0 & 2 & 0 \\ 0 & 0 & 3 \end{bmatrix}$$

したがって，$P^{-1}BP = \begin{bmatrix} 1 & 0 & 0 \\ 0 & 2 & 0 \\ 0 & 0 & 3 \end{bmatrix}$ となり，B は対角化された． □

問題

9.3 次の行列の固有値と固有ベクトルを求めて対角化せよ．

(1) $\begin{bmatrix} 1 & 1 \\ 1 & 1 \end{bmatrix}$ (2) $\begin{bmatrix} 1 & 2 & 0 \\ 1 & 2 & 0 \\ 0 & 0 & 3 \end{bmatrix}$

9.2 固有空間

例題 9.4 ─────────────────── 行列の対角化 ─

次の行列の固有値と固有ベクトルを求めて対角化可能かどうか調べよ.

(1) $\begin{bmatrix} 1 & 1 \\ -1 & 1 \end{bmatrix}$ (2) $\begin{bmatrix} 1 & 1 & 1 \\ 0 & 1 & 1 \\ 0 & 0 & 1 \end{bmatrix}$

解答 (1) 固有方程式 $\begin{vmatrix} \lambda - 1 & -1 \\ 1 & \lambda - 1 \end{vmatrix} = (\lambda - 1)^2 + 1 = 0$ を解くと, 固有値は $\lambda = 1 \pm i$ である.

(i) 固有値 $\lambda = 1 + i$ のとき, 固有ベクトルは

$$\begin{bmatrix} i & -1 \\ 1 & i \end{bmatrix} \begin{bmatrix} x_1 \\ x_2 \end{bmatrix} = \begin{bmatrix} 0 \\ 0 \end{bmatrix}$$

から, $ix_1 - x_2 = 0$, $x_1 + ix_2 = 0$. よって, $\begin{bmatrix} x_1 \\ x_2 \end{bmatrix} = x_2 \begin{bmatrix} -i \\ 1 \end{bmatrix}$ である.

したがって, 固有ベクトルは $t \begin{bmatrix} -i \\ 1 \end{bmatrix}$ である $(t \neq 0)$.

(ii) 固有値 $\lambda = 1 - i$ のとき, 固有ベクトルは

$$\begin{bmatrix} -i & -1 \\ 1 & -i \end{bmatrix} \begin{bmatrix} x_1 \\ x_2 \end{bmatrix} = \begin{bmatrix} 0 \\ 0 \end{bmatrix}$$

から, $-ix_1 - x_2 = 0$, $x_1 - ix_2 = 0$. よって, $\begin{bmatrix} x_1 \\ x_2 \end{bmatrix} = x_2 \begin{bmatrix} i \\ 1 \end{bmatrix}$ である.

したがって, 固有ベクトルは $t \begin{bmatrix} i \\ 1 \end{bmatrix}$ である $(t \neq 0)$.

そこで, $P = \begin{bmatrix} -i & i \\ 1 & 1 \end{bmatrix}$ とおくと $|P| = -i - i = -2i \neq 0$ だから, P は正則で,

$$AP = P \begin{bmatrix} 1+i & 0 \\ 0 & 1-i \end{bmatrix}$$

すなわち,
$$P^{-1}AP = \begin{bmatrix} 1+i & 0 \\ 0 & 1-i \end{bmatrix}$$

(2) 固有方程式 $\begin{vmatrix} \lambda-1 & -1 & -1 \\ 0 & \lambda-1 & -1 \\ 0 & 0 & \lambda-1 \end{vmatrix} = (\lambda-1)^3 = 0$ を解くと,固有値は $\lambda = 1$ である.

固有値 $\lambda = 1$ のとき,固有ベクトルは $\begin{bmatrix} 0 & -1 & -1 \\ 0 & 0 & -1 \\ 0 & 0 & 0 \end{bmatrix} \begin{bmatrix} x_1 \\ x_2 \\ x_3 \end{bmatrix} = \begin{bmatrix} 0 \\ 0 \\ 0 \end{bmatrix}$

の解である.すなわち,$-x_2 - x_3 = 0, -x_3 = 0$ から,$x_2 = x_3 = 0$.よって,$\begin{bmatrix} x_1 \\ x_2 \\ x_3 \end{bmatrix} = \begin{bmatrix} x_1 \\ 0 \\ 0 \end{bmatrix} = x_1 \begin{bmatrix} 1 \\ 0 \\ 0 \end{bmatrix}$.したがって,固有ベクトルは $x_1 = t$ とおくと

$$\begin{bmatrix} x_1 \\ x_2 \\ x_3 \end{bmatrix} = t \begin{bmatrix} 1 \\ 0 \\ 0 \end{bmatrix} \quad (t \neq 0)$$

このとき,$\dim V(1) = 1$ で A の次数より小さいので,定理 9.3 より,A は対角化できない. □

問題

9.4 次の行列の固有値と固有ベクトルを求めて対角化せよ.

(1) $\begin{bmatrix} 1 & 2 \\ -2 & 1 \end{bmatrix}$ (2) $\begin{bmatrix} 1 & 1 & 0 \\ -1 & 1 & 0 \\ 0 & 0 & 1 \end{bmatrix}$

(3) $\begin{bmatrix} -1 & 1 \\ 0 & -1 \end{bmatrix}$ (4) $\begin{bmatrix} 1 & 1 & 1 \\ 0 & 2 & 2 \\ 0 & 0 & 2 \end{bmatrix}$

9.3 直交行列

n 次の実正方行列 P が

$$ {}^t\!P\,P = P\,{}^t\!P = E \text{ (単位行列)} $$

を満たすとき，P は**直交行列**という．このとき，

$$ P^{-1} = {}^t\!P $$

である．直交行列 P の列ベクトルを $p_1, p_2, \ldots, p_n$ とするとき，${}^t\!PP$ の (i,j) 成分は

$$ {}^t\!p_i\,p_j = p_i \cdot p_j \text{ (内積)} $$

であるから，

$$ {}^t\!p_i\,p_j = \begin{cases} 1 & (i = j) \\ 0 & (i \neq j) \end{cases} $$

となる．このとき，$p_1, p_2, \ldots, p_n$ は**正規直交系**という．

一次独立な実ベクトル $a_1, \ldots, a_n$ から，グラム-シュミットの直交化法によって，正規直交系を作ることができる．

定理 9.4 n 次の実ベクトル $a_1, \ldots, a_m$ が $\boldsymbol{R}$ 上一次独立とする．このとき，次のように $b_1, \ldots, b_m$ と $e_1, e_2, \ldots, e_m$ を帰納的に定める：

(1) $b_1 = a_1,\ e_1 = \dfrac{b_1}{|b_1|}$

(2) $k = 1, 2, \ldots, m-1$ に対して
$$ b_{k+1} = a_{k+1} - (a_{k+1} \cdot e_1)e_1 - (a_{k+1} \cdot e_2)e_2 - \cdots - (a_{k+1} \cdot e_k)e_k $$
$$ e_{k+1} = \dfrac{b_{k+1}}{|b_{k+1}|} $$

このとき，$e_1, e_2, \ldots, e_m$ は正規直交系である．

証明 まず，$b_1 = a_1$ とおくと，$a_1 \neq 0$ だから

$$e_1 = \frac{b_1}{|b_1|} = \frac{a_1}{|a_1|}$$

が定義される．

次に，

$$b_2 = a_2 - (a_2 \cdot e_1)e_1 = a_2 - \frac{(a_2 \cdot e_1)}{|a_1|}a_1$$

とおくと，a_1, a_2 は一次独立だから，$b_2 \neq 0$ である．よって，

$$e_2 = \frac{b_2}{|b_2|}$$

が定義される．このとき，$e_1 \cdot e_1 = |e_1|^2 = 1$ だから，

$$e_1 \cdot b_2 = e_1 \cdot a_2 - (a_2 \cdot e_1)e_1 \cdot e_1 = e_1 \cdot a_2 - (a_2 \cdot e_1) = 0$$

よって，e_1, e_2 は正規直交系である．

そこで，$e_1, e_2, \ldots, e_k$ が正規直交系であるとき，

$$b_{k+1} = a_{k+1} - (a_{k+1} \cdot e_1)e_1 - (a_{k+1} \cdot e_2)e_2 - \cdots - (a_{k+1} \cdot e_k)e_k$$

だから，$i, j = 1, 2, \ldots, k$ に対して，$e_i \cdot e_j = \delta_{ij}$（クロネッカーのデルタ）に注意すること，

$$e_i \cdot b_{k+1} = e_i \cdot a_{k+1} - (a_{k+1} \cdot e_i)e_i \cdot e_i = e_i \cdot a_{k+1} - (a_{k+1} \cdot e_i) = 0$$

さらに，

$$b_{k+1} = a_{k+1} - \alpha_1 a_1 - \alpha_2 a_2 - \cdots - \alpha_k a_k$$

の形であることに注意すると，$a_1, \ldots, a_k, a_{k+1}$ は一次独立であるから，$b_{k+1} \neq 0$ である．よって，

$$e_{k+1} = \frac{b_{k+1}}{|b_{k+1}|}$$

が定義される．また，

$$e_i \cdot e_{k+1} = \frac{e_i \cdot b_{k+1}}{|b_{k+1}|} = 0$$

だから，$e_1, \ldots, e_k, e_{k+1}$ は正規直交系である．

数学的帰納法によって，$e_1, e_2, \ldots, e_m$ は正規直交系であることが示される． □

9.3 直交行列

例題 9.5 ──────────── グラム-シュミットの直交化法

ベクトル $a_1 = \begin{bmatrix} 1 \\ 1 \\ 1 \end{bmatrix}$, $a_2 = \begin{bmatrix} 0 \\ 1 \\ 1 \end{bmatrix}$, $a_3 = \begin{bmatrix} 0 \\ 0 \\ 1 \end{bmatrix}$ から, グラム-シュミットの直交化法によって, 正規直交系を作れ.

解答 $|a_1| = \sqrt{a_1 \cdot a_1} = \sqrt{3}$ だから, $e_1 = \dfrac{a_1}{\sqrt{3}} = \dfrac{1}{\sqrt{3}} \begin{bmatrix} 1 \\ 1 \\ 1 \end{bmatrix}$

次に,

$$b_2 = a_2 - (a_2 \cdot e_1)e_1 = \begin{bmatrix} 0 \\ 1 \\ 1 \end{bmatrix} - \frac{1 \times 0 + 1 \times 1 + 1 \times 1}{3} \begin{bmatrix} 1 \\ 1 \\ 1 \end{bmatrix} = \frac{1}{3} \begin{bmatrix} -2 \\ 1 \\ 1 \end{bmatrix}$$

だから,

$$e_2 = \frac{1}{\sqrt{4+1+1}} \begin{bmatrix} -2 \\ 1 \\ 1 \end{bmatrix} = \frac{1}{\sqrt{6}} \begin{bmatrix} -2 \\ 1 \\ 1 \end{bmatrix}$$

さらに,

$$b_3 = a_3 - (a_3 \cdot e_1)e_1 - (a_3 \cdot e_2)e_2$$

$$= \begin{bmatrix} 0 \\ 0 \\ 1 \end{bmatrix} - \frac{0 \times 1 + 0 \times 1 + 1 \times 1}{3} \begin{bmatrix} 1 \\ 1 \\ 1 \end{bmatrix} - \frac{0 \times (-2) + 0 \times 1 + 1 \times 1}{6} \begin{bmatrix} -2 \\ 1 \\ 1 \end{bmatrix}$$

$$= \frac{1}{6} \begin{bmatrix} 0 \\ -3 \\ 3 \end{bmatrix} = \frac{1}{2} \begin{bmatrix} 0 \\ -1 \\ 1 \end{bmatrix}$$

よって，

$$e_3 = \frac{1}{\sqrt{0+1+1}} \begin{bmatrix} 0 \\ -1 \\ 1 \end{bmatrix} = \frac{1}{\sqrt{2}} \begin{bmatrix} 0 \\ -1 \\ 1 \end{bmatrix}$$

e_1, e_2, e_3 が正規直交系であることを確認するために，これらを列ベクトルとする行列

$$P = \begin{bmatrix} e_1 & e_2 & e_3 \end{bmatrix} = \begin{bmatrix} \frac{1}{\sqrt{3}} & \frac{-2}{\sqrt{6}} & 0 \\ \frac{1}{\sqrt{3}} & \frac{1}{\sqrt{6}} & \frac{-1}{\sqrt{2}} \\ \frac{1}{\sqrt{3}} & \frac{1}{\sqrt{6}} & \frac{1}{\sqrt{2}} \end{bmatrix}$$

を考える．ここで，

$$^tPP = \begin{bmatrix} \frac{1}{\sqrt{3}} & \frac{1}{\sqrt{3}} & \frac{1}{\sqrt{3}} \\ \frac{-2}{\sqrt{6}} & \frac{1}{\sqrt{6}} & \frac{1}{\sqrt{6}} \\ 0 & \frac{-1}{\sqrt{2}} & \frac{1}{\sqrt{2}} \end{bmatrix} \begin{bmatrix} \frac{1}{\sqrt{3}} & \frac{-2}{\sqrt{6}} & 0 \\ \frac{1}{\sqrt{3}} & \frac{1}{\sqrt{6}} & \frac{-1}{\sqrt{2}} \\ \frac{1}{\sqrt{3}} & \frac{1}{\sqrt{6}} & \frac{1}{\sqrt{2}} \end{bmatrix} = \begin{bmatrix} 1 & 0 & 0 \\ 0 & 1 & 0 \\ 0 & 0 & 1 \end{bmatrix}$$

したがって，e_1, e_2, e_3 は正規直交系であることがわかる． □

問 題

9.5 次のベクトルから，グラム-シュミットの直交化法によって，正規直交系を作れ．

(1) $a_1 = \begin{bmatrix} 1 \\ 1 \end{bmatrix}, a_2 = \begin{bmatrix} 0 \\ 1 \end{bmatrix}$

(2) $a_1 = \begin{bmatrix} 1 \\ 1 \\ 0 \end{bmatrix}, a_2 = \begin{bmatrix} 0 \\ 1 \\ 1 \end{bmatrix}, a_3 = \begin{bmatrix} 1 \\ 0 \\ 1 \end{bmatrix}$

9.4 実対称行列の対角化

実数を成分とする正方行列 A において,

$$A = {}^t\!A \qquad \text{(対称行列)}$$

のとき,A は**対称行列**という.ここに,${}^t\!A$ は A の転置行列を表す(4.1 節を参照).

例題 9.6 ─────────────────────────── 対称行列 ─

(1) 行列 $A = \begin{bmatrix} a & a & a \\ b & b & b \\ c & c & c \end{bmatrix}$ の転置行列を求めよ.

(2) $A + {}^t\!A$ は対称行列であることを示せ.

(3) A が対称行列となるための条件を求めよ.

解答 (1) ${}^t\!A = \begin{bmatrix} a & b & c \\ a & b & c \\ a & b & c \end{bmatrix}$

(2) $A + {}^t\!A = \begin{bmatrix} 2a & a+b & a+c \\ a+b & 2b & b+c \\ a+c & b+c & 2c \end{bmatrix}$ は対称行列である.

(3) $A = {}^t\!A$ のとき,$a = b = c$ である.逆に,$a = b = c$ のとき,$A = \begin{bmatrix} a & a & a \\ a & a & a \\ a & a & a \end{bmatrix}$ は対称行列である. □

問題

9.6 (1) 行列 $A = \begin{bmatrix} 1 & a & b \\ b & c & 1 \\ c & a & b \end{bmatrix}$ の転置行列を求めよ.

(2) A が対称行列となるように a, b, c を定めよ.

定理 9.5 実対称行列の固有値はすべて実数である．

証明　n 次の実対称行列 A の固有値を λ とすると，

$$A\boldsymbol{x} = \lambda \boldsymbol{x}, \quad \boldsymbol{x} \neq \boldsymbol{0}$$

となる n 次の列ベクトル $\boldsymbol{x}$ が存在する．このとき，

$$({}^t(A\boldsymbol{x}))\overline{\boldsymbol{x}} = (({}^t\boldsymbol{x})\,{}^tA)\overline{\boldsymbol{x}} = (*)$$

A は実対称行列なので，

$$(*) = (({}^t\boldsymbol{x})A)\overline{\boldsymbol{x}} = ({}^t\boldsymbol{x})(A\overline{\boldsymbol{x}}) = ({}^t\boldsymbol{x})\overline{A\boldsymbol{x}}$$

よって，

$$\lambda\,{}^t\boldsymbol{x}\,\overline{\boldsymbol{x}} = ({}^t\boldsymbol{x})\overline{\lambda \boldsymbol{x}} = \overline{\lambda}\,{}^t\boldsymbol{x}\,\overline{\boldsymbol{x}}$$

$\boldsymbol{x}$ の成分を x_j とすると

$${}^t\boldsymbol{x}\,\overline{\boldsymbol{x}} = x_1\overline{x_1} + \cdots + x_n\overline{x_n} = |x_1|^2 + \cdots + |x_n|^2 > 0$$

だから，

$$\lambda = \overline{\lambda}$$

よって，λ は実数である．　□

定理 9.6 実対称行列は対角化可能である．

証明　まず，A の固有値 λ_1 をとる．このとき，定理 9.5 より λ_1 は実数だから，$\lambda_1 E - A$ は実行列であり，その行列式は 0 であるから，

$$(\lambda_1 E - A)\boldsymbol{p}_1 = \boldsymbol{0}$$

となる実列ベクトル $\boldsymbol{p}_1 \neq \boldsymbol{0}$ が存在する．このとき，$\boldsymbol{p}_1$ は λ_1 に属する固有ベクトルである．ここで，$\boldsymbol{p}_1, \boldsymbol{p}_2, \ldots, \boldsymbol{p}_n$ が一次独立となる実列ベクトルをとり，これらからグラム-シュミットの方法で正規直交系を作り，それらを列ベクトルとする行列

9.4 実対称行列の対角化

$P = \begin{bmatrix} e_1 & e_2 & \cdots & e_n \end{bmatrix}$ を考える．このとき，$e_1 = \dfrac{p_1}{|p_1|}$ は固有値 λ_1 に属する固有ベクトルだから，

$$AP = \begin{bmatrix} Ae_1 & Ae_2 & \cdots & Ae_n \end{bmatrix} = \begin{bmatrix} \lambda_1 e_1 & Ae_2 & \cdots & Ae_n \end{bmatrix}$$

$$= \begin{bmatrix} e_1 & e_2 & \cdots & e_n \end{bmatrix} \begin{bmatrix} \lambda_1 & * & \cdots & * \\ 0 & * & \cdots & * \\ \vdots & \vdots & & \vdots \\ 0 & * & \cdots & * \end{bmatrix}$$

$$= P \begin{bmatrix} \lambda_1 & * & \cdots & * \\ 0 & * & \cdots & * \\ \vdots & \vdots & & \vdots \\ 0 & * & \cdots & * \end{bmatrix}$$

よって，

$$P^{-1}AP = \begin{bmatrix} \lambda_1 & * & \cdots & * \\ 0 & * & \cdots & * \\ \vdots & \vdots & & \vdots \\ 0 & * & \cdots & * \end{bmatrix}$$

ここで，P は直交行列であることに注意すると

$${}^t(P^{-1}AP) = {}^t({}^tPAP) = {}^tP\,{}^tAP = {}^tPAP = P^{-1}AP$$

よって，$P^{-1}AP$ は対称行列となるので，

$$(*) \qquad P^{-1}AP = P^{-1}AP = \begin{bmatrix} \lambda_1 & 0 & \cdots & 0 \\ 0 & * & \cdots & * \\ \vdots & \vdots & & \vdots \\ 0 & * & \cdots & * \end{bmatrix} = \begin{bmatrix} \lambda_1 & O \\ O & B \end{bmatrix}$$

ここに，O は零行列で B は $(n-1)$ 次の実対称行列である．

とくに，A が 2 次の実対称行列であれば，A は P によって対角化されたことがわかる．そこで，一般の場合の証明を完成するために，数学的帰納法を適用しよう．

[I] $n=1,2$ のときには,n 次の実対称行列は直交行列によって,対角化される.

[II] $n=k$ のとき,k 次の実対称行列は直交行列によって対角化されると仮定して,$n=k+1$ のときを考えよう.

そこで,A は $n=k+1$ の実対称行列としよう.このとき,A は直交行列 P によって (*) のように変形される.そこで,B は k 次の実対称行列であるから,帰納法の仮定によって,B は直交行列 R によって対角化される.すなわち,

$$R^{-1}BR$$

が対角行列となるような k 次の直交行列 R が存在する.そこで,$(k+1)$ 次の行列

$$R_1 = \begin{bmatrix} 1 & O \\ O & R \end{bmatrix}$$

を考えよう.このとき,

$$
{}^t(PR_1)PR_1 = {}^tR_1{}^tPPR_1 = {}^tR_1R_1
$$
$$
= \begin{bmatrix} 1 & O \\ O & {}^tR \end{bmatrix} \begin{bmatrix} 1 & O \\ O & R \end{bmatrix}
$$
$$
= \begin{bmatrix} 1 & O \\ O & {}^tRR \end{bmatrix} = E
$$

かつ

$$
R_1^{-1}P^{-1}APR_1 = \begin{bmatrix} 1 & O \\ O & R^{-1} \end{bmatrix} \begin{bmatrix} \lambda_1 & O \\ O & B \end{bmatrix} \begin{bmatrix} 1 & O \\ O & R \end{bmatrix}
$$
$$
= \begin{bmatrix} \lambda_1 & O \\ O & R^{-1}BR \end{bmatrix}
$$

よって,PR_1 は直交行列で,

$$(PR_1)^{-1}A(PR_1) = R_1^{-1}P^{-1}APR_1$$

は対角行列である.したがって,A は直交行列 PR_1 によって対角化されてことが示された.

[I], [II] より,すべての実対称行列は直交行列によって対角化される. □

9.4 実対称行列の対角化

例題 9.7 ──────────────── 対称行列の対角化 ─

次の対称行列を直交行列によって対角化せよ．

(1) $\begin{bmatrix} 1 & 1 \\ 1 & 1 \end{bmatrix}$ (2) $\begin{bmatrix} 1 & 1 & 1 \\ 1 & 1 & 1 \\ 1 & 1 & 1 \end{bmatrix}$

解答 (1) 固有方程式

$$\begin{vmatrix} \lambda - 1 & -1 \\ -1 & \lambda - 1 \end{vmatrix} = (\lambda - 1)^2 - 1 = \lambda(\lambda - 2) = 0$$

を解くと，固有値は $\lambda = 0, 2$ である．

(i) 固有値 $\lambda = 0$ のとき，固有ベクトルは

$$\begin{bmatrix} -1 & -1 \\ -1 & -1 \end{bmatrix} \begin{bmatrix} x_1 \\ x_2 \end{bmatrix} = \begin{bmatrix} 0 \\ 0 \end{bmatrix}$$

を満たす．このとき，$x_1 + x_2 = 0$ より $x_1 = -x_2$ だから $\begin{bmatrix} x_1 \\ x_2 \end{bmatrix} = x_2 \begin{bmatrix} -1 \\ 1 \end{bmatrix}$ である．

したがって，固有ベクトルは $t \begin{bmatrix} -1 \\ 1 \end{bmatrix}$ である $(t \neq 0)$．

(ii) 固有値 $\lambda = 2$ のとき，固有ベクトルは

$$\begin{bmatrix} 1 & -1 \\ -1 & 1 \end{bmatrix} \begin{bmatrix} x_1 \\ x_2 \end{bmatrix} = \begin{bmatrix} 0 \\ 0 \end{bmatrix}$$

を満たす．このとき，$x_1 - x_2 = 0$ より $x_1 = x_2$ だから $\begin{bmatrix} x_1 \\ x_2 \end{bmatrix} = x_2 \begin{bmatrix} 1 \\ 1 \end{bmatrix}$ である．

したがって，固有ベクトルは $t \begin{bmatrix} 1 \\ 1 \end{bmatrix}$ である $(t \neq 0)$．

以上から，一次独立である 2 つの固有ベクトル

$$\boldsymbol{x}_1 = \begin{bmatrix} -1 \\ 1 \end{bmatrix}, \quad \boldsymbol{x}_2 = \begin{bmatrix} 1 \\ 1 \end{bmatrix}$$

が求められた．これから，グラム-シュミットの方法で正規直交系を作ろう．まず，

$$e_1 = \frac{x_1}{|x_1|} = \frac{1}{\sqrt{2}} \begin{bmatrix} -1 \\ 1 \end{bmatrix}$$

$$y_2 = x_2 - (x_2 \cdot e_1)e_1 = \begin{bmatrix} 1 \\ 1 \end{bmatrix} - \frac{0}{2} \begin{bmatrix} -1 \\ 1 \end{bmatrix} = \begin{bmatrix} 1 \\ 1 \end{bmatrix}$$

$$e_2 = \frac{y_2}{|y_2|} = \frac{1}{\sqrt{2}} \begin{bmatrix} 1 \\ 1 \end{bmatrix}$$

そこで，$P = \dfrac{1}{\sqrt{2}} \begin{bmatrix} -1 & 1 \\ 1 & 1 \end{bmatrix}$ とおくと

$$AP = P \begin{bmatrix} 0 & 0 \\ 0 & 2 \end{bmatrix} \quad \text{すなわち}, \quad P^{-1}AP = \begin{bmatrix} 0 & 0 \\ 0 & 2 \end{bmatrix}$$

P が直交行列であることを考えると ${}^tPAP = \begin{bmatrix} 0 & 0 \\ 0 & 2 \end{bmatrix}$ と表すこともできる．

(2) 固有方程式

$$\begin{vmatrix} \lambda-1 & -1 & -1 \\ -1 & \lambda-1 & -1 \\ -1 & -1 & \lambda-1 \end{vmatrix} = (\lambda-1)^3 - 2 - 3(\lambda-1)$$

$$= \{(\lambda-1)+1\}^2\{(\lambda-1)-2\} = 0$$

を解くと，固有値は $\lambda = 0, 3$ である．

固有値 $\lambda = 0$ のとき，固有ベクトルは

$$\begin{bmatrix} -1 & -1 & -1 \\ -1 & -1 & -1 \\ -1 & -1 & -1 \end{bmatrix} \begin{bmatrix} x_1 \\ x_2 \\ x_3 \end{bmatrix} = \begin{bmatrix} 0 \\ 0 \\ 0 \end{bmatrix}$$

の解である．このとき，$x_1 + x_2 + x_3 = 0$ より $x_1 = -x_2 - x_3$ だから，

$$\begin{bmatrix} x_1 \\ x_2 \\ x_3 \end{bmatrix} = \begin{bmatrix} -x_2 - x_3 \\ x_2 \\ x_3 \end{bmatrix} = x_2 \begin{bmatrix} -1 \\ 1 \\ 0 \end{bmatrix} + x_3 \begin{bmatrix} -1 \\ 0 \\ 1 \end{bmatrix}$$

したがって，固有ベクトルは $s \begin{bmatrix} -1 \\ 1 \\ 0 \end{bmatrix} + t \begin{bmatrix} -1 \\ 0 \\ 1 \end{bmatrix}$ ($\neq \mathbf{0}$)

9.4 実対称行列の対角化

固有値 $\lambda = 3$ のとき,固有ベクトルは

$$\begin{bmatrix} 2 & -1 & -1 \\ -1 & 2 & -1 \\ -1 & -1 & 2 \end{bmatrix} \begin{bmatrix} x_1 \\ x_2 \\ x_3 \end{bmatrix} = \begin{bmatrix} 0 \\ 0 \\ 0 \end{bmatrix}$$

この連立 1 次方程式を掃き出し法を利用して解く.

$\boldsymbol{a}_1$	$\boldsymbol{a}_2$	$\boldsymbol{a}_3$	計算式
2	-1	-1	①
-1	2	-1	②
-1	-1	2	③
1	-2	1	④ $= -$②
0	3	-3	⑤ $=$ ① $+ 2 \times$ ②
0	-3	3	⑥ $=$ ③ $-$ ②
1	0	-1	⑦ $=$ ④ $+ 2 \times$ ⑧
0	1	-1	⑧ $=$ ⑤ $\div 3$
0	0	0	⑨ $=$ ⑥ $+$ ⑤
$\boldsymbol{e}_1$	$\boldsymbol{e}_2$		

よって,$x_1 - x_3 = 0$,$x_2 - x_3 = 0$ を解くと,$x_1 = x_3$,$x_2 = x_3$ だから,
$$\begin{bmatrix} x_1 \\ x_2 \\ x_3 \end{bmatrix} = \begin{bmatrix} x_3 \\ x_3 \\ x_3 \end{bmatrix} = x_3 \begin{bmatrix} 1 \\ 1 \\ 1 \end{bmatrix}$$
である.

したがって,固有ベクトルは $t \begin{bmatrix} 1 \\ 1 \\ 1 \end{bmatrix}$ $(t \neq 0)$

以上から,3 つの一次独立な固有ベクトル

$$\boldsymbol{x}_1 = \begin{bmatrix} -1 \\ 1 \\ 0 \end{bmatrix}, \quad \boldsymbol{x}_2 = \begin{bmatrix} -1 \\ 0 \\ 1 \end{bmatrix}, \quad \boldsymbol{x}_3 = \begin{bmatrix} 1 \\ 1 \\ 1 \end{bmatrix}$$

が求められた.これから,グラム-シュミットの方法 (定理 9.4) で正規直交系を作ろう:

$$e_1 = \frac{x_1}{|x_1|} = \frac{1}{\sqrt{2}} \begin{bmatrix} -1 \\ 1 \\ 0 \end{bmatrix}$$

$$y_2 = x_2 - (x_2 \cdot e_1)e_1 = \begin{bmatrix} -1 \\ 0 \\ 1 \end{bmatrix} - \frac{1}{2} \begin{bmatrix} -1 \\ 1 \\ 0 \end{bmatrix} = \frac{1}{2} \begin{bmatrix} -1 \\ -1 \\ 2 \end{bmatrix}$$

$$e_2 = \frac{y_2}{|y_2|} = \frac{1}{\sqrt{6}} \begin{bmatrix} -1 \\ -1 \\ 2 \end{bmatrix}$$

$$y_3 = x_3 - (x_3 \cdot e_1)e_1 - (x_3 \cdot e_2)e_2$$

$$e_3 = \frac{y_3}{|y_3|} = \frac{1}{\sqrt{3}} \begin{bmatrix} 1 \\ 1 \\ 1 \end{bmatrix}$$

そこで, $P = \frac{1}{\sqrt{2}} \begin{bmatrix} \frac{-1}{\sqrt{2}} & \frac{-1}{\sqrt{6}} & \frac{1}{\sqrt{3}} \\ \frac{1}{\sqrt{2}} & \frac{-1}{\sqrt{6}} & \frac{1}{\sqrt{3}} \\ 0 & \frac{2}{\sqrt{6}} & \frac{1}{\sqrt{3}} \end{bmatrix}$ とおくと $AP = P \begin{bmatrix} 0 & 0 & 0 \\ 0 & 0 & 0 \\ 0 & 0 & 3 \end{bmatrix}$. すなわち,

$$P^{-1}AP = \begin{bmatrix} 0 & 0 & 0 \\ 0 & 0 & 0 \\ 0 & 0 & 3 \end{bmatrix}$$

となり, A は対角化されたことがわかる. ここで, P は直交行列, すなわち, $P^{-1} = {}^t P$ に注意すると, ${}^t PAP = \begin{bmatrix} 0 & 0 & 0 \\ 0 & 0 & 0 \\ 0 & 0 & 3 \end{bmatrix}$ と表すこともできる. □

問題

9.7 次の対称行列を直交行列によって対角化せよ.

(1) $\begin{bmatrix} 2 & 1 \\ 1 & 2 \end{bmatrix}$ (2) $\begin{bmatrix} 0 & 0 & 1 \\ 0 & 1 & 0 \\ 1 & 0 & 0 \end{bmatrix}$

9.5 ケーリー-ハミルトンの定理

n 次正方行列において,対角成分より下の成分がすべて 0 であるとき,正方行列は上三角行列という.同様に,対角成分より上の成分がすべて 0 であるとき,正方行列は下三角行列という.

$$
\begin{bmatrix} a_{11} & a_{12} & \cdots & a_{1n} \\ & a_{22} & \cdots & a_{2n} \\ & & \ddots & \vdots \\ O & & & a_{nn} \end{bmatrix} \qquad \begin{bmatrix} a_{11} & & & O \\ a_{21} & a_{22} & & \\ \vdots & \vdots & \ddots & \\ a_{n1} & a_{n2} & \cdots & a_{nn} \end{bmatrix}
$$

上三角行列　　　　　　　　下三角行列

実対称行列は直交行列によって対角化可能であるが,一般の行列は対角化可能とは限らない.しかし,常に,三角化可能である;すなわち,正方行列 A に対して,$P^{-1}AP$ が上三角行列となるような正則行列 P が存在することを示そう.

定理 9.7 正方行列は三角化可能である.

証明 定理を行列の次数に関する数学的帰納法で証明しよう.

[I] $n=1$ のときは明らかに成り立つ.

[II] $n=m$ のときには三角化可能であると仮定して,$(m+1)$ 次の行列 A が三角化可能であることを示そう.まず,A の固有値 λ_1 と固有ベクトル $\boldsymbol{p}_1$ をとる:

$$A\boldsymbol{p}_1 = \lambda_1 \boldsymbol{p}_1$$

$\boldsymbol{p}_1$ に m 個のベクトル $\boldsymbol{p}_2, \ldots, \boldsymbol{p}_{m+1}$ を付け加えて,正則行列

$$P = \begin{bmatrix} \boldsymbol{p}_1 & \boldsymbol{p}_2 & \cdots & \boldsymbol{p}_{m+1} \end{bmatrix}$$

を作る.このとき,

第 9 章 行列の対角化

$$AP = \begin{bmatrix} A\boldsymbol{p}_1 & A\boldsymbol{p}_2 & \cdots & A\boldsymbol{p}_{m+1} \end{bmatrix} = \begin{bmatrix} \lambda_1\boldsymbol{p}_1 & A\boldsymbol{p}_2 & \cdots & A\boldsymbol{p}_{m+1} \end{bmatrix}$$

$$= \begin{bmatrix} \boldsymbol{p}_1 & \boldsymbol{p}_2 & \cdots & \boldsymbol{p}_{m+1} \end{bmatrix} \begin{bmatrix} \lambda_1 & * & \cdots & * \\ 0 & * & \cdots & * \\ \vdots & \vdots & \ddots & \vdots \\ 0 & * & \cdots & * \end{bmatrix}$$

よって,

$$P^{-1}AP = \begin{bmatrix} \lambda_1 & * \\ O & Q \end{bmatrix}$$

と表すことができる.ここに,O は零行列,Q は m 次の正方行列である.数学的帰納法の仮定から,Q は三角化可能であるから,

$$R^{-1}QR$$

が上三角行列となるような m 次の正則行列 R が存在する.そこで,$(m+1)$ 次の行列

$$R_1 = \begin{bmatrix} 1 & O \\ O & R \end{bmatrix}$$

を考えよう.このとき,

$$R_1^{-1}P^{-1}APR_1 = \begin{bmatrix} 1 & O \\ O & R^{-1} \end{bmatrix} \begin{bmatrix} \lambda_1 & * \\ O & Q \end{bmatrix} \begin{bmatrix} 1 & O \\ O & R \end{bmatrix}$$

$$= \begin{bmatrix} \lambda_1 & * \\ O & R^{-1}QR \end{bmatrix}$$

よって,$(PR_1)^{-1}A(PR_1)$ は上三角行列である.したがって,A は PR_1 によって三角化された.

[I], [II] より,すべての正方行列は三角化可能である. □

多項式 $P(x) = x^m + a_1 x^{m-1} + \cdots + a_{m-1}x + a_m$ と正方行列 A に対して

$$P(A) = A^m + a_1 A^{m-1} + \cdots + a_{m-1}A + a_m E$$

とおく.

9.5 ケーリー-ハミルトンの定理

定理 9.8 (ケーリー-ハミルトン) 正方行列の固有多項式を Φ とすると

$$\Phi(A) = O \text{ (零行列)}$$

である.

証明 $n=2$ のときを示そう. 定理 9.7 によって, 2 次の正方行列 A に対して

$$P^{-1}AP = \begin{bmatrix} \lambda_1 & * \\ 0 & \lambda_2 \end{bmatrix}$$

となる正則行列 P が存在する. このとき,

$$\begin{aligned} P^{-1}(xE - A)P &= xE - P^{-1}AP \\ &= x\begin{bmatrix} 1 & 0 \\ 0 & 1 \end{bmatrix} - \begin{bmatrix} \lambda_1 & * \\ 0 & \lambda_2 \end{bmatrix} \\ &= \begin{bmatrix} x-\lambda_1 & * \\ 0 & x-\lambda_2 \end{bmatrix} \end{aligned}$$

このとき,

$$\begin{aligned} |P^{-1}(xE-A)P| &= |P|^{-1}|xE-A||P| \\ &= |xE-A||P|^{-1}|P| = |xE-A| \end{aligned}$$

(例題 6.5 (p.86)) だから,

$$|xE - A| = (x-\lambda_1)(x-\lambda_2)$$

これより, λ_1, λ_2 は A の固有値であることがわかる. よって,

$$\Phi(x) = (x-\lambda_1)(x-\lambda_2)$$

である. したがって,

$$\Phi(A) = (A - \lambda_1 E)(A - \lambda_2 E)$$

このとき,

$$\begin{aligned} P^{-1}\Phi(A)P &= P^{-1}(A-\lambda_1 E)PP^{-1}(A-\lambda_2 E)P \\ &= \begin{bmatrix} 0 & * \\ 0 & \lambda_1-\lambda_2 \end{bmatrix} \begin{bmatrix} \lambda_2-\lambda_1 & * \\ 0 & 0 \end{bmatrix} = \begin{bmatrix} 0 & 0 \\ 0 & 0 \end{bmatrix} = O \end{aligned}$$

すなわち, $\Phi(A) = POP^{-1} = O$ である. □

例題 9.8 ─────────────── ケーリー-ハミルトン

(1) 行列 $A = \begin{bmatrix} 1 & 1 \\ 0 & 1 \end{bmatrix}$ が満たす 2 次式を求めよ．

(2) A^5 と A^{-1} を求めよ．

解答 (1) A の固有多項式は

$$|xE - A| = \begin{vmatrix} x-1 & -1 \\ 0 & x-1 \end{vmatrix} = (x-1)^2$$

であるから，ケーリー-ハミルトンの定理を用いると

$$(A - E)^2 = A^2 - 2A + E = O$$

(2) $x^5 = (x-1)P(x) + 1$ において，

$$P(1) = \lim_{x \to 1} P(x) = \lim_{x \to 1} \frac{x^5 - 1}{x - 1} = 5$$

よって，

$$P(x) = (x-1)Q(x) + P(1) = (x-1)Q(x) + 5$$

したがって，

$$\begin{aligned} x^5 &= (x-1)P(x) + 1 = (x-1)\bigl((x-1)Q(x) + 5\bigr) + 1 \\ &= (x-1)^2 Q(x) + 5(x-1) + 1 \end{aligned}$$

ここに，$Q(x)$ は 3 次の多項式である．よって，

$$A^5 = (A-E)^2 Q(A) + 5(A-E) + E = 5A - 4E = \begin{bmatrix} 1 & 5 \\ 0 & 1 \end{bmatrix}$$

さらに，(1) の結果から $E = 2A - A^2 = (2E - A)A$ であるから，

$$A^{-1} = 2E - A = \begin{bmatrix} 1 & -1 \\ 0 & 1 \end{bmatrix} \qquad \square$$

問題

9.8 (1) 行列 $A = \begin{bmatrix} 1 & -1 \\ 1 & 1 \end{bmatrix}$ が満たす 2 次式を求めよ．

(2) A^5 と A^{-1} を求めよ．

発展問題 9

1. n 次の正方行列 A に対して，A の異なる固有値に属する固有ベクトルは一次独立であることを示せ．
2. 実対称行列の異なる固有値に属する固有ベクトルは直交することを示せ．
3. n 次の直交行列 P について
   (1) $x, y \in \mathbf{R}^n$ が直交するとき，Px, Py も直交することを示せ．
   (2) $x \in \mathbf{R}^n$ が単位ベクトル，つまり，$|x|=1$ のとき，Px も単位ベクトルであることを示せ．
4. 次の対称行列の固有値と固有ベクトルを求めて，直交行列によって対角化せよ．

   (1) $\begin{bmatrix} 1 & 0 & -1 \\ 0 & 1 & 0 \\ -1 & 0 & 1 \end{bmatrix}$　(2) $\begin{bmatrix} 1 & 1 & 1 & 1 \\ 1 & 1 & 1 & 1 \\ 1 & 1 & 1 & 1 \\ 1 & 1 & 1 & 1 \end{bmatrix}$

5. $A = \begin{bmatrix} 1 & 1 & 1 \\ 0 & 1 & 1 \\ 0 & 0 & 1 \end{bmatrix}$ について

   (1) $B = \begin{bmatrix} 0 & 1 & 1 \\ 0 & 0 & 1 \\ 0 & 0 & 0 \end{bmatrix}$ とおいて，$A^5 = (E+B)^5$ を計算せよ．

   (2) ケーリー-ハミルトンの定理を用いて，A が満たす 3 次方程式を求めよ．さらに，その 3 次式を用いて，A^5 を計算せよ．

   (3) A^{-1} を次の 3 通りの方法で計算せよ．
     (i) 掃き出し法
     (ii) (2) の 3 次式
     (iii) Excel

6. (1) 行列 $A = \begin{bmatrix} 1 & -3 & 0 \\ 1 & -2 & 0 \\ 0 & 0 & 1 \end{bmatrix}$ が満たす 3 次式を求めよ．

   (2) A^5 と A^{-1} を求めよ．

第 10 章

2 次 形 式

10.1 2 変数の 2 次形式

2 変数 x, y の 2 次式

$$ax^2 + 2hxy + by^2$$

を **2 次形式**と呼ぶ．ここで，$A = \begin{bmatrix} a & h \\ h & b \end{bmatrix}, z = \begin{bmatrix} x \\ y \end{bmatrix}$ とおくと，2 次形式は

$$ax^2 + 2hxy + by^2 = {}^t\!zAz \qquad (\text{2 次形式の行列表示})$$

と表される．

この 2 次形式を直交行列 $P = \begin{bmatrix} \cos\theta & -\sin\theta \\ \sin\theta & \cos\theta \end{bmatrix}$ によって，次のように対角化することを考える：

$$P^{-1}AP = {}^t\!PAP = \begin{bmatrix} \lambda_1 & 0 \\ 0 & \lambda_2 \end{bmatrix}$$

ここに，λ_1, λ_2 は A の固有値である．

左辺を計算すると

$$P^{-1}AP = \begin{bmatrix} \cos\theta & \sin\theta \\ -\sin\theta & \cos\theta \end{bmatrix} \begin{bmatrix} a & h \\ h & b \end{bmatrix} \begin{bmatrix} \cos\theta & -\sin\theta \\ \sin\theta & \cos\theta \end{bmatrix}$$

$$= \begin{bmatrix} \alpha & \gamma \\ \gamma & \beta \end{bmatrix}$$

10.1 2変数の2次形式

となる．ここに，

$$\begin{cases} \alpha = a\cos^2\theta + 2h\cos\theta\sin\theta + b\sin^2\theta \\ \gamma = h\cos^2\theta - (a-b)\cos\theta\sin\theta - h\sin^2\theta \\ \beta = a\sin^2\theta - 2h\cos\theta\sin\theta + b\cos^2\theta \end{cases}$$

である．したがって，$\gamma = 0$ のとき，

$$\frac{h}{a-b} = \frac{\cos\theta\sin\theta}{\cos^2\theta - \sin^2\theta} = \frac{1}{2}\frac{\sin 2\theta}{\cos 2\theta} = \frac{1}{2}\tan 2\theta$$

すなわち，

(*) $\quad \tan 2\theta = \dfrac{2h}{a-b} \quad$ または $\quad 2\theta = \tan^{-1}\dfrac{2h}{a-b}$

となるように θ を定める．

xy-平面上の点 P の座標を (x, y) とする．さらに，x 軸，y 軸をそれぞれ θ だけ回転した座標軸を X 軸，Y 軸とし，点 P の座標を (X, Y) とするとき，

$$X + iY = r(\cos\varphi + i\sin\varphi)$$
$$x + iy = r\bigl(\cos(\theta + \varphi) + i\sin(\theta + \varphi)\bigr)$$

であるから，

$$x + yi = (X + Yi)(\cos\theta + i\sin\theta)$$

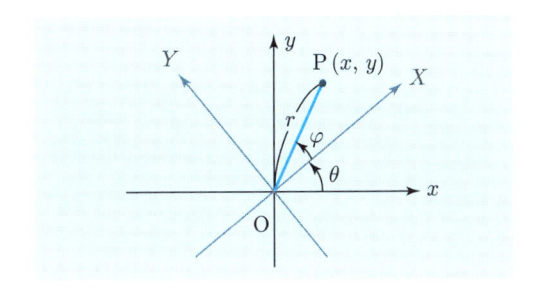

両辺の実部と虚部を比べると,

$$\begin{bmatrix} x \\ y \end{bmatrix} = \begin{bmatrix} \cos\theta & -\sin\theta \\ \sin\theta & \cos\theta \end{bmatrix} \begin{bmatrix} X \\ Y \end{bmatrix} \qquad \text{(座標軸の回転)}$$

である.ここで,θ が $(*)$ を満たせば,$\gamma = 0$ であるから,2次形式は

$$\begin{bmatrix} x & y \end{bmatrix} A \begin{bmatrix} x \\ y \end{bmatrix} = \begin{bmatrix} X & Y \end{bmatrix} {}^t PAP \begin{bmatrix} X \\ Y \end{bmatrix}$$
$$= \alpha X^2 + \beta Y^2$$

以上をまとめると次のようになる.

定理 10.1 2次形式 $ax^2 + 2hxy + by^2$ について,

$$\tan 2\theta = \frac{2h}{a-b}$$

となる θ で変換

$$\begin{bmatrix} x \\ y \end{bmatrix} = \begin{bmatrix} \cos\theta & -\sin\theta \\ \sin\theta & \cos\theta \end{bmatrix} \begin{bmatrix} X \\ Y \end{bmatrix}$$

を行うと

$$ax^2 + 2hxy + by^2 = \alpha X^2 + \beta Y^2$$

となる.ここに,

$$\begin{cases} \alpha = a\cos^2\theta + 2h\cos\theta\sin\theta + b\sin^2\theta \\ \beta = a\sin^2\theta - 2h\cos\theta\sin\theta + b\cos^2\theta \end{cases}$$

である.

10.1 2変数の2次形式

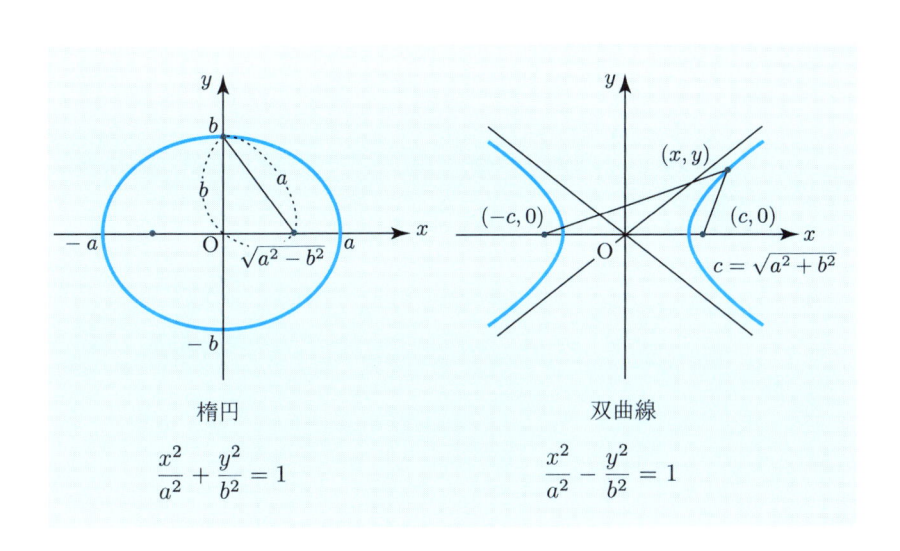

方程式
$$ax^2 + 2hxy + by^2 = 1$$
で定まる曲線は **2次曲線** と呼ばれる．この2次曲線は

(i) $\alpha\beta > 0$,　(ii) $\alpha\beta < 0$,　(iii) $\alpha\beta = 0$

で場合分けして考えると，次のいずれかである．

(1)　楕円　　：　$\dfrac{X^2}{a^2} + \dfrac{Y^2}{b^2} = 1$

(2)　双曲線　：　$\dfrac{X^2}{a^2} - \dfrac{Y^2}{b^2} = 1$

(3)　直線　　：　$\dfrac{X^2}{a^2} - \dfrac{Y^2}{b^2} = 0$

(4)　空集合　：　$\dfrac{X^2}{a^2} + \dfrac{Y^2}{b^2} = -1$

楕円
$$\dfrac{x^2}{a^2} + \dfrac{y^2}{b^2} = 1$$

双曲線
$$\dfrac{x^2}{a^2} - \dfrac{y^2}{b^2} = 1$$

例題 10.1 ──────────────────────────── 2 次曲線

次の 2 次曲線を座標軸の回転によって,図示せよ.
(1) $xy = 1$
(2) $7x^2 + 6\sqrt{3}\,xy + 13y^2 = 16$

解答 (1) 2 次形式

$$2xy = \begin{bmatrix} x & y \end{bmatrix} \begin{bmatrix} 0 & 1 \\ 1 & 0 \end{bmatrix} \begin{bmatrix} x \\ y \end{bmatrix}$$

と表すことができる.ここで,

$$2\theta = \tan^{-1}\frac{2}{0-0}$$

となる θ として $\theta = \dfrac{\pi}{4}$ を考える.このとき,

$$\begin{bmatrix} x \\ y \end{bmatrix} = \begin{bmatrix} \frac{1}{\sqrt{2}} & -\frac{1}{\sqrt{2}} \\ \frac{1}{\sqrt{2}} & \frac{1}{\sqrt{2}} \end{bmatrix} \begin{bmatrix} X \\ Y \end{bmatrix}$$

よって,

$$2xy = 2\left(X\frac{1}{\sqrt{2}} - Y\frac{1}{\sqrt{2}}\right)\left(X\frac{1}{\sqrt{2}} + Y\frac{1}{\sqrt{2}}\right)$$
$$= X^2 - Y^2$$

したがって,$xy = 1$ だから,

$$\frac{X^2}{2} - \frac{Y^2}{2} = 1$$

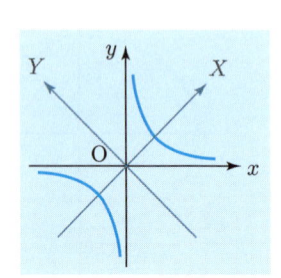

となる.

(2) 2 次形式

$$7x^2 + 6\sqrt{3}\,xy + 13y^2 = \begin{bmatrix} x & y \end{bmatrix} \begin{bmatrix} 7 & 3\sqrt{3} \\ 3\sqrt{3} & 13 \end{bmatrix} \begin{bmatrix} x \\ y \end{bmatrix}$$

と表すことができる.θ は,

10.1 2変数の2次形式

$$\tan 2\theta = \frac{6\sqrt{3}}{7-13} = -\sqrt{3}$$

よって，$2\theta = \dfrac{2\pi}{3}$，すなわち，$\theta = \dfrac{\pi}{3}$ を考える．このとき，

$$\begin{bmatrix} x \\ y \end{bmatrix} = \begin{bmatrix} \frac{1}{2} & -\frac{\sqrt{3}}{2} \\ \frac{\sqrt{3}}{2} & \frac{1}{2} \end{bmatrix} \begin{bmatrix} X \\ Y \end{bmatrix}$$

と変換すると，

$$\begin{aligned} &7x^2 + 6\sqrt{3}\,xy + 13y^2 \\ &= 7\left(\frac{1}{2}X - \frac{\sqrt{3}}{2}Y\right)^2 + 6\sqrt{3}\left(\frac{1}{2}X - \frac{\sqrt{3}}{2}Y\right)\left(\frac{\sqrt{3}}{2}X + \frac{1}{2}Y\right) + 13\left(\frac{\sqrt{3}}{2}X + \frac{1}{2}Y\right)^2 \\ &= 16X^2 + 4Y^2 \end{aligned}$$

したがって，

$$\frac{X^2}{1^2} + \frac{Y^2}{2^2} = 1$$

となる． □

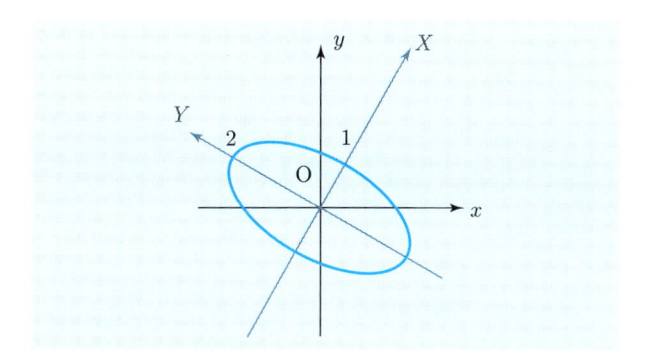

―― 問 題 ――

10.1 次の 2 次曲線を座標軸の回転によって，図示せよ．

(1) $3x^2 + 2xy + 3y^2 = 4$

(2) $x^2 - 10\sqrt{3}\,xy + 11y^2 = 16$

10.2　3変数の2次形式

3 変数 x, y, z の 2 次形式

$$
\begin{aligned}
&a x^2 + b y^2 + c z^2 + 2 f\, yz + 2 g\, zx + 2 h\, xy \\
&= \begin{bmatrix} x & y & z \end{bmatrix} \begin{bmatrix} a & h & g \\ h & b & f \\ g & f & c \end{bmatrix} \begin{bmatrix} x \\ y \\ z \end{bmatrix}
\end{aligned}
\quad (\textbf{2 次形式の行列表示})
$$

を考える．ここで，定理 9.6 を用いて，対称行列 $A = \begin{bmatrix} a & h & g \\ h & b & f \\ g & f & c \end{bmatrix}$ を直交行列 P で対角化すると

$$P^{-1}AP = {}^tPAP = \begin{bmatrix} \lambda_1 & 0 & 0 \\ 0 & \lambda_2 & 0 \\ 0 & 0 & \lambda_3 \end{bmatrix}$$

となる．ここに，$\lambda_1, \lambda_2, \lambda_3$ は A の固有値である．そこで，

$$(*) \qquad \begin{bmatrix} x \\ y \\ z \end{bmatrix} = P \begin{bmatrix} X \\ Y \\ Z \end{bmatrix}$$

と変換すると

$$
\begin{aligned}
&ax^2 + by^2 + cz^2 + 2fyz + 2gzx + 2hxy \\
&= \begin{bmatrix} X & Y & Z \end{bmatrix} {}^tPAP \begin{bmatrix} X \\ Y \\ Z \end{bmatrix} \\
&= \begin{bmatrix} X & Y & Z \end{bmatrix} \begin{bmatrix} \lambda_1 & 0 & 0 \\ 0 & \lambda_2 & 0 \\ 0 & 0 & \lambda_3 \end{bmatrix} \begin{bmatrix} X \\ Y \\ Z \end{bmatrix} \\
&= \lambda_1 X^2 + \lambda_2 Y^2 + \lambda_3 Z^2
\end{aligned}
$$

となる．よって，

$$ax^2 + by^2 + cz^2 + 2fyz + 2gzx + 2hxy$$
$$= \lambda_1 X^2 + \lambda_2 Y^2 + \lambda_3 Z^2 \qquad \text{(2 次形式の標準形)}$$

が得られた．

方程式

$$ax^2 + by^2 + cz^2 + 2fyz + 2gzx + 2hxy = 1$$

で定まる曲面は **2 次曲面**と呼ばれる．この2次曲面は $\lambda_1, \lambda_2, \lambda_3$ の符号によって，次のように分類される．

(1) 楕円面 : $\dfrac{X^2}{a^2} + \dfrac{Y^2}{b^2} + \dfrac{Z^2}{c^2} = 1$

(2) 1 葉双曲面 : $\dfrac{X^2}{a^2} + \dfrac{Y^2}{b^2} - \dfrac{Z^2}{c^2} = -1$

(3) 2 葉双曲面 : $\dfrac{X^2}{a^2} + \dfrac{Y^2}{b^2} - \dfrac{Z^2}{c^2} = 1$

(4) 楕円柱面 : $\dfrac{X^2}{a^2} + \dfrac{Y^2}{b^2} = 1$

(5) 双曲柱面 : $\dfrac{X^2}{a^2} - \dfrac{Y^2}{b^2} = 1$

(6) 2 つの平面 : $\dfrac{X^2}{a^2} - \dfrac{Y^2}{b^2} = 0$

(7) 空集合

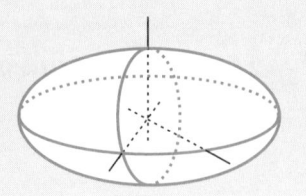

楕円面
$$\frac{x^2}{a^2} + \frac{y^2}{b^2} + \frac{z^2}{c^2} = 1$$

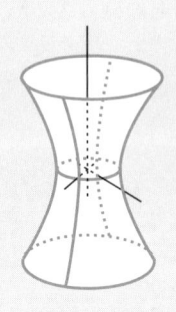

1葉双曲面
$$\frac{x^2}{a^2} + \frac{y^2}{b^2} - \frac{z^2}{c^2} = 1$$

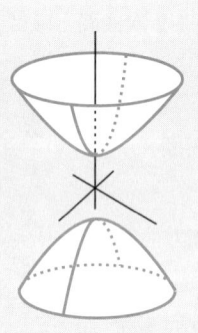

2葉双曲面
$$\frac{x^2}{a^2} + \frac{y^2}{b^2} - \frac{z^2}{c^2} = -1$$

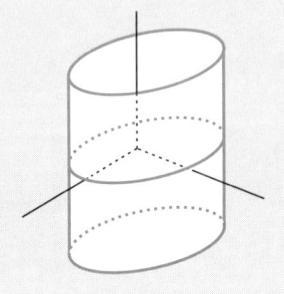

楕円柱面
$$\frac{x^2}{a^2} + \frac{y^2}{b^2} = 1$$

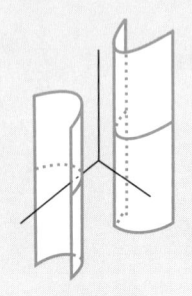

双曲柱面
$$\frac{x^2}{a^2} - \frac{y^2}{b^2} = 1$$

例題 10.2 ──────────── 2次曲面 ─

次の 2 次形式の標準形を求めよ.
(1) $2zx$ (2) $x^2 + y^2 + z^2 + 2yz + 2zx + 2xy$

解答 (1) $2zx = \begin{bmatrix} x & y & z \end{bmatrix} \begin{bmatrix} 0 & 0 & 1 \\ 0 & 0 & 0 \\ 1 & 0 & 0 \end{bmatrix} \begin{bmatrix} x \\ y \\ z \end{bmatrix}$ と表される. そこで,

$A = \begin{bmatrix} 0 & 0 & 1 \\ 0 & 0 & 0 \\ 1 & 0 & 0 \end{bmatrix}$ を直交行列 P で対角化しよう.

固有方程式

$$\begin{vmatrix} \lambda & 0 & -1 \\ 0 & \lambda & 0 \\ -1 & 0 & \lambda \end{vmatrix} = \lambda^3 - \lambda = \lambda(\lambda+1)(\lambda-1) = 0$$

を解くと, 固有値は $\lambda = 0, 1, -1$ である.

(i) $\lambda = 0$ のとき, 固有ベクトルは $t \begin{bmatrix} 0 \\ 1 \\ 0 \end{bmatrix}$ ($t \neq 0$)

(ii) $\lambda = 1$ のとき, 固有ベクトルは $t \begin{bmatrix} 1 \\ 0 \\ 1 \end{bmatrix}$ ($t \neq 0$)

(iii) $\lambda = -1$ のとき, 固有ベクトルは $t \begin{bmatrix} -1 \\ 0 \\ 1 \end{bmatrix}$ ($t \neq 0$)

であるから,

$$\boldsymbol{p}_1 = \begin{bmatrix} 0 \\ 1 \\ 0 \end{bmatrix}, \quad \boldsymbol{p}_2 = \begin{bmatrix} 1 \\ 0 \\ 1 \end{bmatrix}, \quad \boldsymbol{p}_3 = \begin{bmatrix} -1 \\ 0 \\ 1 \end{bmatrix}$$

を考える.そこで,p_1, p_2, p_3 からグラム-シュミットの直交化法 (定理 9.4) で正規直交系を作ると

$$e_1 = \begin{bmatrix} 0 \\ 1 \\ 0 \end{bmatrix}, \quad e_2 = \begin{bmatrix} \frac{1}{\sqrt{2}} \\ 0 \\ \frac{1}{\sqrt{2}} \end{bmatrix}, \quad e_3 = \begin{bmatrix} -\frac{1}{\sqrt{2}} \\ 0 \\ \frac{1}{\sqrt{2}} \end{bmatrix}$$

が得られる.よって,直交行列 $P = \begin{bmatrix} 0 & \frac{1}{\sqrt{2}} & -\frac{1}{\sqrt{2}} \\ 1 & 0 & 0 \\ 0 & \frac{1}{\sqrt{2}} & \frac{1}{\sqrt{2}} \end{bmatrix}$ によって,変換 (∗) を行うと

$$2zx = \begin{bmatrix} X & Y & Z \end{bmatrix} {}^t PAP \begin{bmatrix} X \\ Y \\ Z \end{bmatrix}$$

$$= \begin{bmatrix} X & Y & Z \end{bmatrix} \begin{bmatrix} 0 & 0 & 0 \\ 0 & 1 & 0 \\ 0 & 0 & -1 \end{bmatrix} \begin{bmatrix} X \\ Y \\ Z \end{bmatrix}$$

$$= 0 \cdot X^2 + 1 \cdot Y^2 + (-1) Z^2 = Y^2 - Z^2$$

2 次曲面 $2zx = 1$ のグラフ
(双曲柱面)

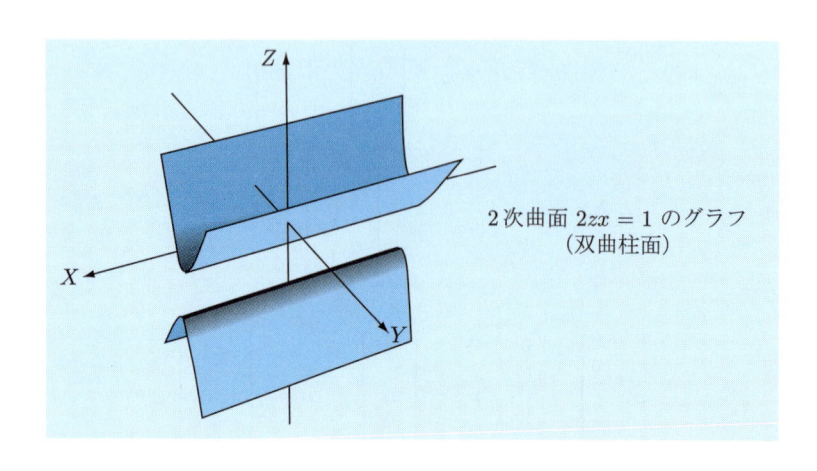

10.2 3変数の2次形式

(2) $x^2+y^2+z^2+2yz+2zx+2xy = \begin{bmatrix} x & y & z \end{bmatrix} \begin{bmatrix} 1 & 1 & 1 \\ 1 & 1 & 1 \\ 1 & 1 & 1 \end{bmatrix} \begin{bmatrix} x \\ y \\ z \end{bmatrix}$ と

表される.そこで,$A = \begin{bmatrix} 1 & 1 & 1 \\ 1 & 1 & 1 \\ 1 & 1 & 1 \end{bmatrix}$ を直交行列 P で対角化しよう.

固有方程式

$$\begin{vmatrix} \lambda-1 & -1 & -1 \\ -1 & \lambda-1 & -1 \\ -1 & -1 & \lambda-1 \end{vmatrix} = \begin{vmatrix} \lambda-3 & \lambda-3 & \lambda-3 \\ -1 & \lambda-1 & -1 \\ -1 & -1 & \lambda-1 \end{vmatrix} = \begin{vmatrix} \lambda-3 & 0 & 0 \\ -1 & \lambda & 0 \\ -1 & 0 & \lambda \end{vmatrix}$$
$$= \lambda^2(\lambda-3) = 0$$

を解くと,固有値は $\lambda = 0, 3$ である.

(i) $\lambda = 0$ のとき,固有ベクトルは $s\begin{bmatrix} -1 \\ 1 \\ 0 \end{bmatrix} + t\begin{bmatrix} -1 \\ 0 \\ 1 \end{bmatrix} \neq \mathbf{0}$

(ii) $\lambda = 3$ のとき,固有ベクトルは $t\begin{bmatrix} 1 \\ 1 \\ 1 \end{bmatrix}$ $(t \neq 0)$

そこで,固有ベクトル

$$\boldsymbol{p}_1 = \begin{bmatrix} -1 \\ 1 \\ 0 \end{bmatrix}, \quad \boldsymbol{p}_2 = \begin{bmatrix} -1 \\ 0 \\ 1 \end{bmatrix}, \quad \boldsymbol{p}_3 = \begin{bmatrix} 1 \\ 1 \\ 1 \end{bmatrix}$$

から,例題 9.7 のように,グラム-シュミットの直交化法で正規直交系を作ると

$$\boldsymbol{e}_1 = \frac{1}{\sqrt{2}}\begin{bmatrix} -1 \\ 1 \\ 0 \end{bmatrix}, \quad \boldsymbol{e}_2 = \frac{1}{\sqrt{6}}\begin{bmatrix} -1 \\ -1 \\ 2 \end{bmatrix}, \quad \boldsymbol{e}_3 = \frac{1}{\sqrt{3}}\begin{bmatrix} 1 \\ 1 \\ 1 \end{bmatrix}$$

が得られる．よって，直交行列 $P = \begin{bmatrix} -\frac{1}{\sqrt{2}} & -\frac{1}{\sqrt{6}} & \frac{1}{\sqrt{3}} \\ \frac{1}{\sqrt{2}} & -\frac{1}{\sqrt{6}} & \frac{1}{\sqrt{3}} \\ 0 & \frac{2}{\sqrt{6}} & \frac{1}{\sqrt{3}} \end{bmatrix}$ によって，変換 $(*)$ を行うと

$$x^2 + y^2 + z^2 + 2yz + 2zx + 2xy = \begin{bmatrix} X & Y & Z \end{bmatrix} {}^t PAP \begin{bmatrix} X \\ Y \\ Z \end{bmatrix}$$

$$= \begin{bmatrix} X & Y & Z \end{bmatrix} \begin{bmatrix} 0 & 0 & 0 \\ 0 & 0 & 0 \\ 0 & 0 & 3 \end{bmatrix} \begin{bmatrix} X \\ Y \\ Z \end{bmatrix}$$

$$= 0 \cdot X^2 + 0 \cdot Y^2 + 3Z^2 = 3Z^2$$

となる．

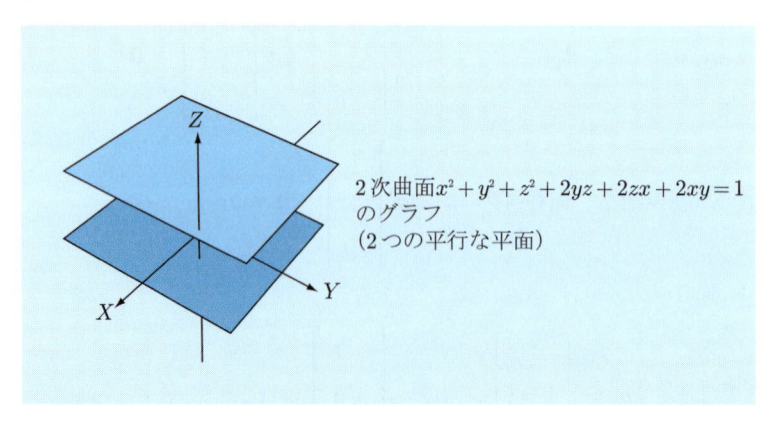

2次曲面 $x^2 + y^2 + z^2 + 2yz + 2zx + 2xy = 1$ のグラフ
(2つの平行な平面)

問 題

10.2 次の2次曲面の標準形を求めよ．

(1) $2yz + 2zx + 2xy$ (2) $y^2 + 2zx$

10.3 正値2次形式

実数を係数とする2次形式

$$ax^2 + by^2 + cz^2 + 2fyz + 2gzx + 2hxy$$

について,実数 x, y, z のどれかが 0 でないならば

$$ax^2 + by^2 + cz^2 + 2fyz + 2gzx + 2hxy > 0$$

が成り立つとき,2次形式は**正値**であるという.

2次形式の標準形から,次の結果が示される.

> **定理 10.2** 実数を係数とする2次形式 $ax^2+by^2+cz^2+2fyz+2gzx+2hxy$ が正値であるための必要十分条件は, $A = \begin{bmatrix} a & h & g \\ h & b & f \\ g & f & c \end{bmatrix}$ の固有値がすべて正となることである.

例題 10.3 ────────────── 正値2次形式

2次形式 $2x^2 + 2y^2 + 2z^2 + 2yz + 2zx + 2xy$ について,
(1) 正値であることを示せ.
(2) $x^2 + y^2 + z^2 = 1$ のとき,2次形式の最大値と最小値を求めよ.

解答

(1) $\quad 2x^2 + 2y^2 + 2z^2 + 2yz + 2zx + 2xy = \begin{bmatrix} x & y & z \end{bmatrix} \begin{bmatrix} 2 & 1 & 1 \\ 1 & 2 & 1 \\ 1 & 1 & 2 \end{bmatrix} \begin{bmatrix} x \\ y \\ z \end{bmatrix}$

と表される. そこで, $A = \begin{bmatrix} 2 & 1 & 1 \\ 1 & 2 & 1 \\ 1 & 1 & 2 \end{bmatrix}$ を直交行列 P で対角化しよう.

固有方程式

$$\begin{vmatrix} \lambda - 2 & -1 & -1 \\ -1 & \lambda - 2 & -1 \\ -1 & -1 & \lambda - 2 \end{vmatrix} = \begin{vmatrix} \lambda - 4 & \lambda - 4 & \lambda - 4 \\ -1 & \lambda - 2 & -1 \\ -1 & -1 & \lambda - 2 \end{vmatrix}$$

$$= \begin{vmatrix} \lambda - 4 & 0 & 0 \\ -1 & \lambda - 1 & 0 \\ -1 & 0 & \lambda - 1 \end{vmatrix}$$

$$= (\lambda - 4)(\lambda - 1)^2 = 0$$

を解くと, 固有値は $\lambda = 1, 4$ である.

(i) $\lambda = 1$ のとき, 固有ベクトルは $\boldsymbol{p}_1 = \begin{bmatrix} -1 \\ 1 \\ 0 \end{bmatrix}$, $\boldsymbol{p}_2 = \begin{bmatrix} -1 \\ 0 \\ 1 \end{bmatrix}$

(ii) $\lambda = 4$ のとき, 固有ベクトルは $\boldsymbol{p}_3 = \begin{bmatrix} 1 \\ 1 \\ 1 \end{bmatrix}$

$\boldsymbol{p}_1, \boldsymbol{p}_2, \boldsymbol{p}_3$ から, 例題 9.7 のように, グラム-シュミットの直交化法で正規直交系を作ると

$$\boldsymbol{e}_1 = \frac{1}{\sqrt{2}} \begin{bmatrix} -1 \\ 1 \\ 0 \end{bmatrix}, \quad \boldsymbol{e}_2 = \frac{1}{\sqrt{6}} \begin{bmatrix} -1 \\ -1 \\ 2 \end{bmatrix}, \quad \boldsymbol{e}_3 = \frac{1}{\sqrt{3}} \begin{bmatrix} 1 \\ 1 \\ 1 \end{bmatrix}$$

10.3 正値 2 次形式

よって,直交行列 $P = \begin{bmatrix} -\frac{1}{\sqrt{2}} & -\frac{1}{\sqrt{6}} & \frac{1}{\sqrt{3}} \\ \frac{1}{\sqrt{2}} & -\frac{1}{\sqrt{6}} & \frac{1}{\sqrt{3}} \\ 0 & \frac{2}{\sqrt{6}} & \frac{1}{\sqrt{3}} \end{bmatrix}$ によって,変換 $(*)$ を行うと

$$2x^2 + 2y^2 + 2z^2 + 2yz + 2zx + 2xy$$

$$= \begin{bmatrix} X & Y & Z \end{bmatrix} {}^tPAP \begin{bmatrix} X \\ Y \\ Z \end{bmatrix} = \begin{bmatrix} X & Y & Z \end{bmatrix} \begin{bmatrix} 1 & 0 & 0 \\ 0 & 1 & 0 \\ 0 & 0 & 4 \end{bmatrix} \begin{bmatrix} X \\ Y \\ Z \end{bmatrix}$$

$$= 1 \cdot X^2 + 1 \cdot Y^2 + 4Z^2 = X^2 + Y^2 + 4Z^2$$

となる.

x, y, z のどれかが 0 でなければ,変換 $(*)$ によって,X, Y, Z もどれかが 0 でないので,この 2 次形式は正値である.

(2) 変換 $(*)$ によると

$$x^2 + y^2 + z^2 = \begin{bmatrix} x & y & z \end{bmatrix} \begin{bmatrix} x \\ y \\ z \end{bmatrix}$$

$$= \begin{bmatrix} X & Y & Z \end{bmatrix} {}^tPP \begin{bmatrix} X \\ Y \\ Z \end{bmatrix} = X^2 + Y^2 + Z^2$$

である.ここで,

$$1 = X^2 + Y^2 + Z^2 \leqq X^2 + Y^2 + 4Z^2 \leqq 4(X^2 + Y^2 + Z^2) = 4$$

に注意すると,最小値は 1 で最大値は 4 である. □

問題

10.3 2 次形式 $2yz + 2zx + 2xy$ について,

(1) 正値であるかどうか調べよ.

(2) $x^2 + y^2 + z^2 = 1$ のとき,2 次形式の最大値と最小値を求めよ.

発展問題 10

1 2次形式 $x^2 + 2xy + y^2 + 8x + 4$ について

 (1) 2次形式 $x^2 + 2xy + y^2$ を直交行列

$$P = \begin{bmatrix} \cos\theta & -\sin\theta \\ \sin\theta & \cos\theta \end{bmatrix}$$

によって，$\alpha X^2 + \beta Y^2$ の形に変形せよ．

 (2) 方程式

$$x^2 + 2xy + y^2 + 8x + 4 = 0$$

が表す曲線を図示せよ．

2 (1) 曲線

$$(2x - 4y + 2)(2x + y - 3) = 4$$

は，双曲線であることを示せ．

 (2) 2つの直線

$$2x - 4y + 2 = 0, \quad 2x + y - 3 = 0$$

は双曲線の漸近線であることを用いて，双曲線を図示せよ．

3 2次形式 $2x_1x_2 + 2x_3x_4$ について

 (1) $$2x_1x_2 + 2x_3x_4 = \begin{bmatrix} x_1 & x_2 & x_3 & x_4 \end{bmatrix} A \begin{bmatrix} x_1 \\ x_2 \\ x_3 \\ x_4 \end{bmatrix}$$

となる4次の対称行列 A を求めよ．

 (2) A の固有値を求めて，2次形式が正値かどうか調べよ．

 (3)
$$x_1^2 + x_2^2 + x_3^2 + x_4^2 = 1$$

のとき，2次形式の最大値と最小値を求めよ．

4 A が n 次の実対称行列のとき，2次形式

$$\begin{bmatrix} x_1 & x_2 & \cdots & x_n \end{bmatrix} A \begin{bmatrix} x_1 \\ x_2 \\ \vdots \\ x_n \end{bmatrix}$$

を考える．ここに，$\begin{bmatrix} x_1 \\ x_2 \\ \vdots \\ x_n \end{bmatrix} \in \boldsymbol{R}^n$ とする．

(1) $\begin{bmatrix} x_1 \\ x_2 \\ \vdots \\ x_n \end{bmatrix} \neq \boldsymbol{0}$ のとき

$$\begin{bmatrix} x_1 & x_2 & \cdots & x_n \end{bmatrix} A \begin{bmatrix} x_1 \\ x_2 \\ \vdots \\ x_n \end{bmatrix} > 0$$

となるための条件は A の固有値がすべて正であることを示せ．

(2) A の固有値の中で最小であるものを λ_*，最大であるものを λ^* とする．

$$x_1^2 + x_2^2 + \cdots + x_n^2 = 1$$

のとき，

$$\lambda_* \leqq \begin{bmatrix} x_1 & x_2 & \cdots & x_n \end{bmatrix} A \begin{bmatrix} x_1 \\ x_2 \\ \vdots \\ x_n \end{bmatrix} \leqq \lambda^*$$

を示せ．

付　　録

A.1　Excel で行列計算

3 次の行列 $X = \begin{bmatrix} a_{11} & a_{12} & a_{13} \\ a_{21} & a_{22} & a_{23} \\ a_{31} & a_{32} & a_{33} \end{bmatrix}, Y = \begin{bmatrix} b_{11} & b_{12} & b_{13} \\ b_{21} & b_{22} & b_{23} \\ b_{31} & b_{32} & b_{33} \end{bmatrix}$ について，和 $X + Y$ と積 XY を Excel を用いて計算しよう．

Excel の横の行 1, 2, 3 と縦の列 A, B, C に行列 X の成分を，横の行 1, 2, 3 と縦の列 D, E, F に行列 Y の成分を書こう．

和 $X + Y$ を 5, 6, 7 行で計算しよう．そこで，

$$\begin{array}{lll} \text{A5} = \text{A1} + \text{D1}, & \text{B5} = \text{B1} + \text{E1}, & \text{C5} = \text{C1} + \text{F1} \\ \text{A6} = \text{A2} + \text{D2}, & \text{B6} = \text{B2} + \text{E2}, & \text{C6} = \text{C2} + \text{F2} \\ \text{A7} = \text{A3} + \text{D3}, & \text{B7} = \text{B3} + \text{E3}, & \text{C7} = \text{C3} + \text{F3} \end{array}$$

このとき，$X + Y = \begin{bmatrix} \text{A5} & \text{B5} & \text{C5} \\ \text{A6} & \text{B6} & \text{C6} \\ \text{A7} & \text{B7} & \text{C7} \end{bmatrix}$ である．

積 XY を 9, 10, 11 行で計算しよう．そこで，

A9 = A1 * D1 + B1 * D2 + C1 * D3, 　B9 = A1 * E1 + B1 * E2 + C1 * E3

C9 = A1 * F1 + B1 * F2 + C1 * F3

A10 = A2 * D1 + B2 * D2 + C2 * D3, 　B10 = A2 * E1 + B2 * E2 + C2 * E3

C10 = A2 * F1 + B2 * F2 + C2 * F3

A11 = A3 * D1 + B3 * D2 + C3 * D3, 　B11 = A3 * E1 + B3 * E2 + C3 * E3

C11 = A3 * F1 + B3 * F2 + C3 * F3

このとき，$XY = \begin{bmatrix} \text{A9} & \text{B9} & \text{C9} \\ \text{A10} & \text{B10} & \text{C10} \\ \text{A11} & \text{B11} & \text{C11} \end{bmatrix}$ である．

A.1 Excel で行列計算

【演習1】 次の行列を計算しよう.

(1) $\begin{bmatrix} 1 & 2 & 3 \\ 4 & 5 & 6 \\ 7 & 8 & 9 \end{bmatrix} + \begin{bmatrix} 99 & 98 & 97 \\ 96 & 95 & 94 \\ 93 & 92 & 91 \end{bmatrix}$

(2) $\begin{bmatrix} 1 & 2 & 3 \\ 4 & 5 & 6 \\ 7 & 8 & 10 \end{bmatrix} \begin{bmatrix} -2 & -4 & 3 \\ -2 & 11 & -6 \\ 3 & -6 & 3 \end{bmatrix}$

I A Excel の便利な機能を使って, 行列の和を計算しよう.

(1) A1 - D2 を利用して 行列 $A = \begin{bmatrix} 1 & 2 & 3 & 4 \\ 5 & 6 & 7 & 8 \end{bmatrix}$ を,

F1 - I2 を利用して 行列 $B = \begin{bmatrix} 12 & 11 & 10 & 9 \\ 8 & 7 & 6 & 5 \end{bmatrix}$ を作ろう.

(2) 答えの場所として A4 - D5 をドラッグしよう.

(3) 数式バーにおいて, 「=」を入力, A1 - D2 をドラッグ, 「+」を入力, F1 - I2 をドラッグしよう (図1).

(4) 「$\boxed{\text{Shift}}$ + $\boxed{\text{Ctrl}}$ + $\boxed{\text{Enter}}$」を実行する ($\boxed{\text{Shift}}$ キーと $\boxed{\text{Ctrl}}$ キーを同時に押した状態で $\boxed{\text{Enter}}$ キーを押す) と, A4 - D5 が行列の和 $A + B$ を与える (図2).

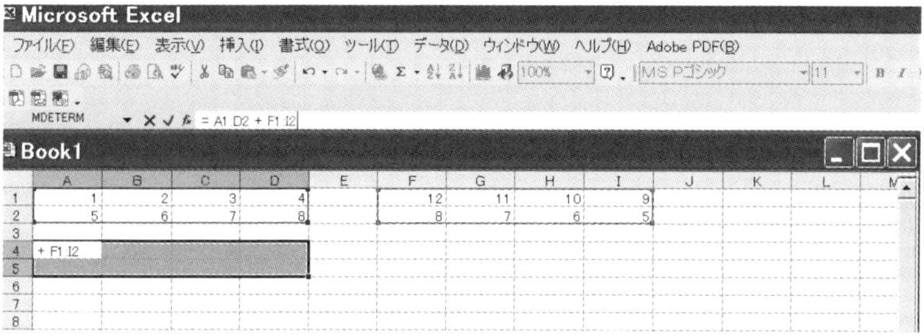

図1

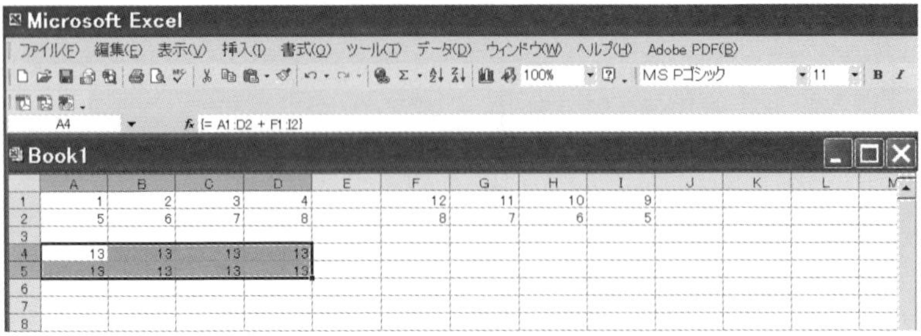

図 2

I B Excel の便利な機能を使って，行列の積を計算しよう．

(1) A1 - C3 を利用して行列 $A = \begin{bmatrix} 1 & 2 & 3 \\ 4 & 5 & 6 \\ 7 & 8 & 9 \end{bmatrix}$ を，E1 - G3 を利用して

行列 $B = \begin{bmatrix} 9 & 8 & 7 \\ 6 & 5 & 4 \\ 3 & 2 & 1 \end{bmatrix}$ を作ろう．

(2) 答えの場所として A5 - C7 をドラッグしよう．

(3) ツールバーの関数貼り付け f_x をクリックして，関数の分類から「数学/三角」を，関数名から「MMULT」を選ぼう (図 3)．

(4) 配列 1 に A の場所 A1 - C3 をドラッグし，配列 2 に B の場所 D1 - F3 をドラッグすると図 4 のようになることを確認しよう．その状態で，「Shift + Ctrl + Enter」を実行しよう．

(5) A5 - C7 が行列の積 AB を与える (図 5)．

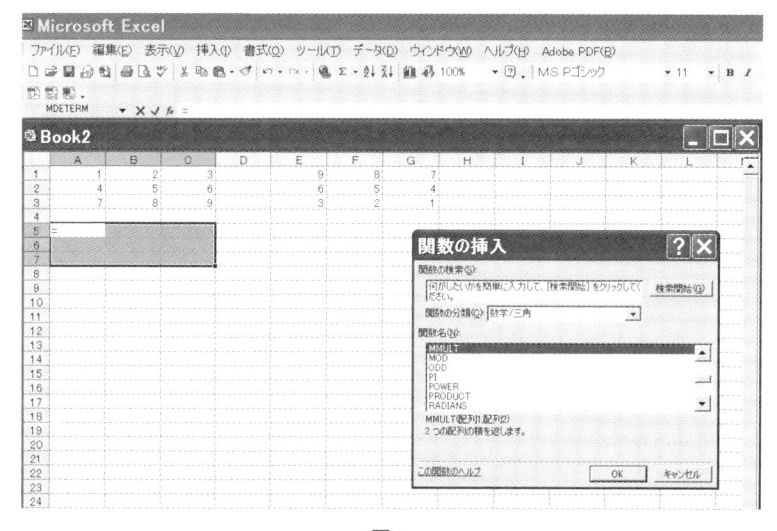

A.1 Excel で行列計算

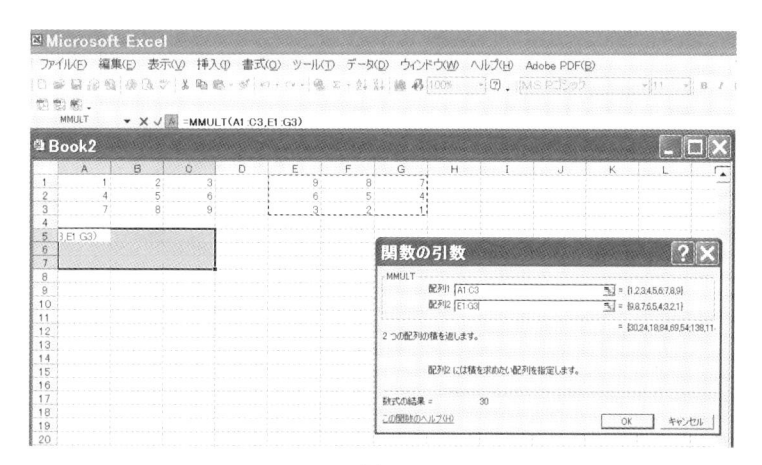

図 3

図 4

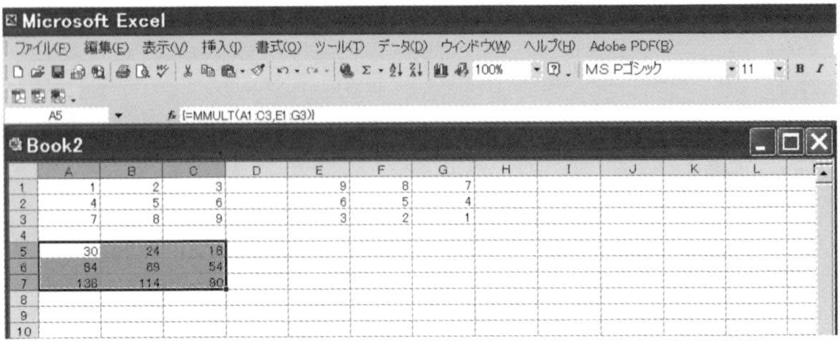

図 5

I C Excel の便利な機能を使って，転置行列を作ろう．

(1) A1 - C3 を利用して 行列 $\begin{bmatrix} 1 & 2 & 3 \\ 4 & 5 & 6 \\ 7 & 8 & 9 \end{bmatrix}$ を作ろう．

(2) 答えの場所として A5 - C7 をドラッグしよう．

(3) ツールバーの関数貼り付け f_x をクリックして，関数の分類から「検索/行列」を，関数名から「TRANSPOSE」を選ぶと図 6 になる．そこで，「OK」をクリックし，A1 - C3 をドラッグすると図 7 となる．そこで，「Shift + Ctrl + Enter」を実行しよう．

(4) A5 - C7 が転置行列を与える (図 8)．

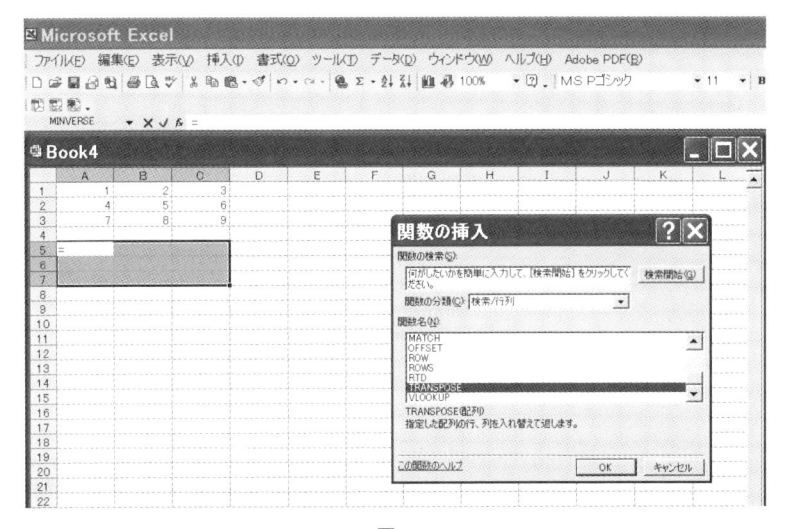

A.1 Excelで行列計算

図 6

図 7

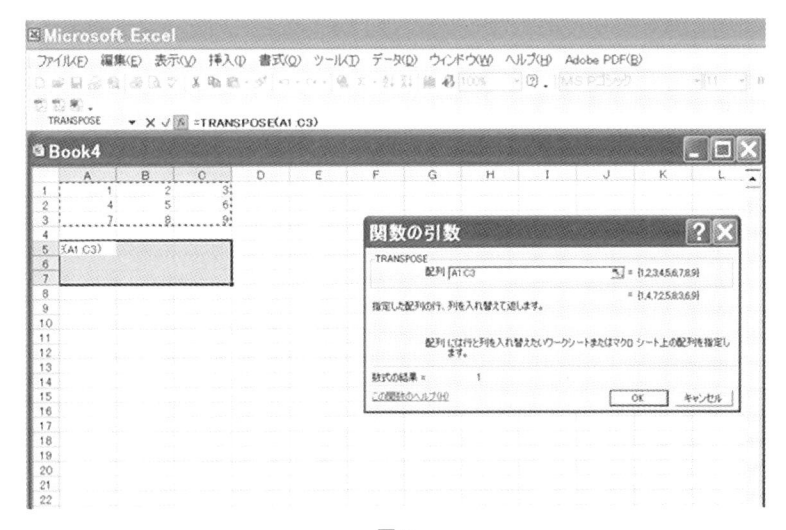

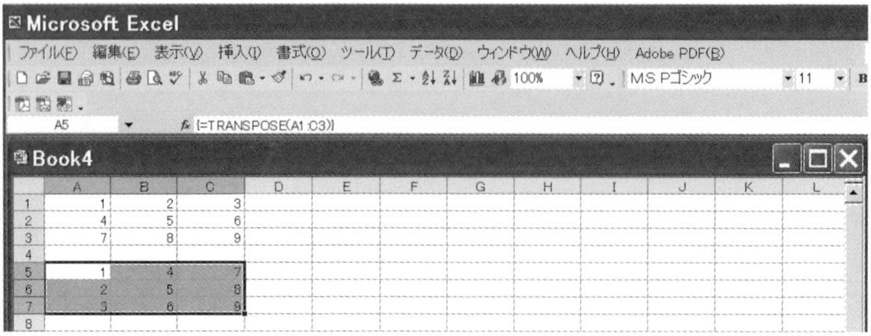

図 8

ID Excel の便利な機能を使って，行列 $A = \begin{bmatrix} 1 & 2 & 3 \\ 4 & 5 & 6 \\ 7 & 8 & 9 \end{bmatrix}$ の対称部分と歪対称部分を計算しよう (問題 4.8 (p.32))．**IC** の (1)〜(4) に続いて，

(5) A の対称部分を A9 - C11 に作ろう．数式バーにおいて，「=」，「(」を入力，A1 - C3 をドラッグ，「+」を入力，A5 - C7 をドラッグ，「)」，「/2」を入力後 (図 9)，[Shift] + [Ctrl] + [Enter] を実行しよう．A の対称部分が得られる．

(6) A の歪対称部分を E9 - G11 に作ろう．数式バーにおいて，「=」，「(」を入力，A1 - C3 をドラッグ，「-」を入力，A5 - C7 をドラッグ，「)」，「/2」を入力後 (図 10)，[Shift] + [Ctrl] + [Enter] を実行しよう．A の歪対称部分が得られる．

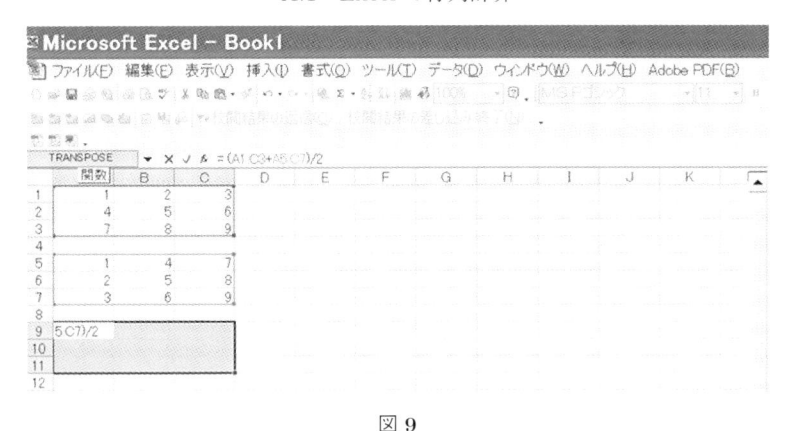

A.1 Excel で行列計算

図 9

図 10

【演習 2】 $A = \begin{bmatrix} 1 & 2 & 3 & 4 \\ 5 & 6 & 7 & 8 \\ 9 & 10 & 11 & 12 \\ 13 & 14 & 15 & 16 \end{bmatrix}$ の対称部分と歪対称部分を求めよ．

A.2 Excel で行列式

3次の行列式 $\begin{vmatrix} a_{11} & a_{12} & a_{13} \\ a_{21} & a_{22} & a_{23} \\ a_{31} & a_{32} & a_{33} \end{vmatrix}$ を Excel を用いて計算しよう．

Excel の横の行 1, 2, 3 と縦の列 A, B, C に行列の成分を書こう．次に，D の列を利用して，

$$D1 : a_{11}a_{22}a_{33} = A1 * B2 * C3$$
$$D2 : a_{12}a_{23}a_{31} = B1 * C2 * A3$$
$$D3 : a_{13}a_{21}a_{32} = C1 * A2 * B3$$
$$D4 : a_{11}a_{23}a_{32} = A1 * C2 * B3$$
$$D5 : a_{12}a_{21}a_{33} = B1 * A2 * C3$$
$$D6 : a_{13}a_{22}a_{31} = C1 * B2 * A3$$

を計算しよう．すると，行列式は

$$D7 = D1 + D2 + D3 - D4 - D5 - D6$$

で与えられる．

A.2 Excel で行列式

II A　Excel の便利な機能を使って，3次の行列式を計算しよう．

(1) A1 - C3 を利用して 行列式 $\begin{vmatrix} 1 & 2 & 3 \\ 4 & 5 & 6 \\ 7 & 8 & 9 \end{vmatrix}$ を作ろう．

(2) 答えの場所として A5 をクリックしよう．

(3) ツールバーの関数貼り付け f_x をクリックして，関数の分類から「数学/三角」を，関数名から「MDETERM」を選び(図 11)，OK をクリックしよう．

(4) A1 - C3 をドラッグし，図 12 の状態で，$\boxed{\text{Shift}} + \boxed{\text{Ctrl}} + \boxed{\text{Enter}}$ ($\boxed{\text{Shift}}$ キーと $\boxed{\text{Ctrl}}$ キーを押したまま $\boxed{\text{Enter}}$ キーを押す) を実行しよう．

(5) A4 の数 $6.66134E - 16 = 6.66134 \times 10^{-16}$ はまるめの誤差であるので 0 が答えとなる．

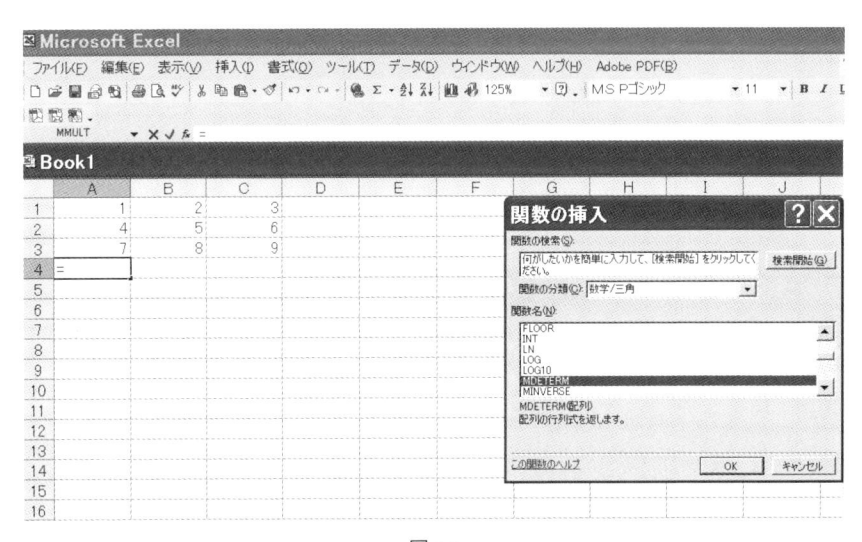

図 11

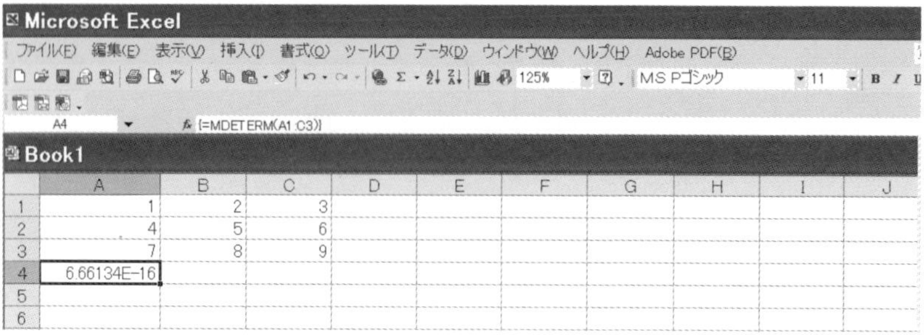

図 12

【演習 3】 (1) 次の行列式を計算しよう．

(a) $\begin{vmatrix} 1 & 2 & 3 \\ 2 & 3 & 4 \\ 3 & 4 & 5 \end{vmatrix}$ (b) $\begin{vmatrix} 101 & 102 & 103 \\ 1004 & 1005 & 1006 \\ 10007 & 10008 & 10009 \end{vmatrix}$

(2) $n_1 < n_2 < n_3$ となる自然数 n_1, n_2, n_3 をいろいろ与えて，行列式

$$\begin{vmatrix} 10^{n_1}+1 & 10^{n_1}+2 & 10^{n_1}+3 \\ 10^{n_2}+4 & 10^{n_2}+5 & 10^{n_2}+6 \\ 10^{n_3}+7 & 10^{n_3}+8 & 10^{n_3}+9 \end{vmatrix}$$

の値を調べよう．

【演習 4】 例題 5.6 (p.63) を Excel を利用して解いてみよう．

A.3 Excel で順列の符号

III A Excel を利用して順列の符合を求めよう．

(A1) 順列 $\sigma : 5, 4, 3, 2, 1$ の転倒数を求めて，σ の符号を求めよう．

(A2) Excel で行列式 $\begin{vmatrix} 0 & 0 & 0 & 0 & 1 \\ 0 & 0 & 0 & 1 & 0 \\ 0 & 0 & 1 & 0 & 0 \\ 0 & 1 & 0 & 0 & 0 \\ 1 & 0 & 0 & 0 & 0 \end{vmatrix}$ を計算することによって，σ の符号を求めて前の結果と比べてみよう．

A.3 Excel で順列の符号

(B1) 順列 $\sigma : 6, 5, 4, 3, 2, 1$ の転倒数を求めて，σ の符号を求めよう．

(B2) Excel で行列式 $\begin{vmatrix} 0 & 0 & 0 & 0 & 0 & 1 \\ 0 & 0 & 0 & 0 & 1 & 0 \\ 0 & 0 & 0 & 1 & 0 & 0 \\ 0 & 0 & 1 & 0 & 0 & 0 \\ 0 & 1 & 0 & 0 & 0 & 0 \\ 1 & 0 & 0 & 0 & 0 & 0 \end{vmatrix}$ を計算することによって，σ の符号を求めて前の結果と比べてみよう．

(C1) 順列 $\sigma : 7, 6, 5, 4, 3, 2, 1$ の転倒数を求めて，σ の符号を求めよう．

(C2) Excel で行列式 $\begin{vmatrix} 0 & 0 & 0 & 0 & 0 & 0 & 1 \\ 0 & 0 & 0 & 0 & 0 & 1 & 0 \\ 0 & 0 & 0 & 0 & 1 & 0 & 0 \\ 0 & 0 & 0 & 1 & 0 & 0 & 0 \\ 0 & 0 & 1 & 0 & 0 & 0 & 0 \\ 0 & 1 & 0 & 0 & 0 & 0 & 0 \\ 1 & 0 & 0 & 0 & 0 & 0 & 0 \end{vmatrix}$ を計算することによって，σ の符号を求めて前の結果と比べてみよう．

(D1) 順列 $\sigma : 8, 7, 6, 5, 4, 3, 2, 1$ の転倒数を求めて，σ の符号を求めよう．

(D2) Excel で行列式 $\begin{vmatrix} 0 & 0 & 0 & 0 & 0 & 0 & 0 & 1 \\ 0 & 0 & 0 & 0 & 0 & 0 & 1 & 0 \\ 0 & 0 & 0 & 0 & 0 & 1 & 0 & 0 \\ 0 & 0 & 0 & 0 & 1 & 0 & 0 & 0 \\ 0 & 0 & 0 & 1 & 0 & 0 & 0 & 0 \\ 0 & 0 & 1 & 0 & 0 & 0 & 0 & 0 \\ 0 & 1 & 0 & 0 & 0 & 0 & 0 & 0 \\ 1 & 0 & 0 & 0 & 0 & 0 & 0 & 0 \end{vmatrix}$ を計算することによって，σ の符号を求めて前の結果と比べてみよう．

(E) 順列 $\sigma : n, n-1, \ldots, 2, 1$ の符号は，$n = 4p+1, 4p+2, 4p+3, 4p+4$ にしたがって，$1, -1, -1, 1$ であることを確かめよう．

III B Excel の便利な機能を使って，逆行列を計算しよう．

(1) A1 - C3 を利用して 行列 $\begin{bmatrix} 2 & 1 & 1 \\ 1 & 2 & 1 \\ 1 & 1 & 2 \end{bmatrix}$ を作ろう．

(2) 答えの場所として A5 - C7 をドラッグしよう．

(3) ツールバーの関数貼り付け f_x をドラッグして，関数の分類から「数学/三角」を，関数名から「MINVERSE」を選ぼう (図 13)．

(4) A1 - C3 をドラッグし，図 14 の状態になったら，「Shift + Ctrl + Enter」を実行しよう．

(5) A5 - C7 が逆行列を与える (図 15)．

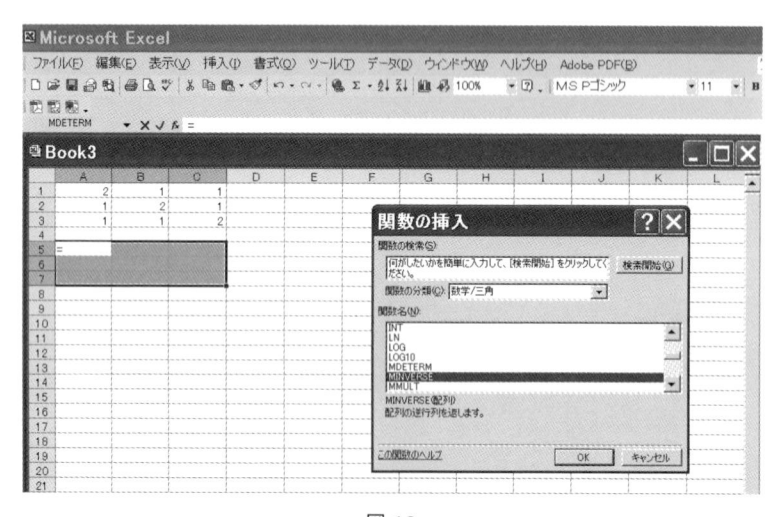

図 13

A.3　Excel で順列の符号

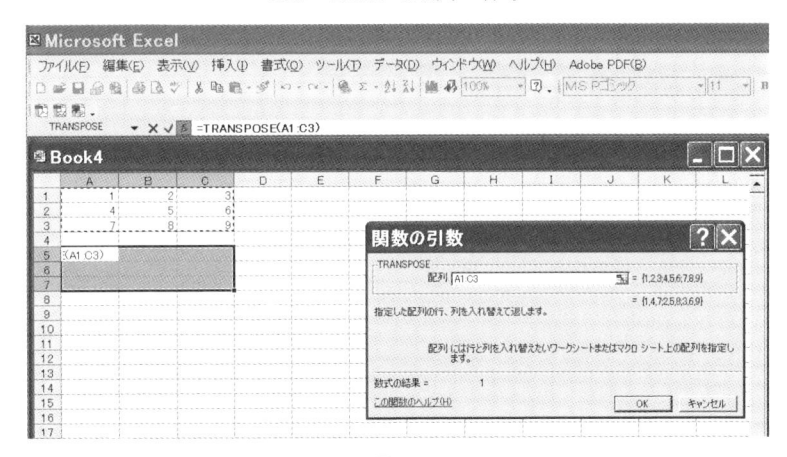

図 14

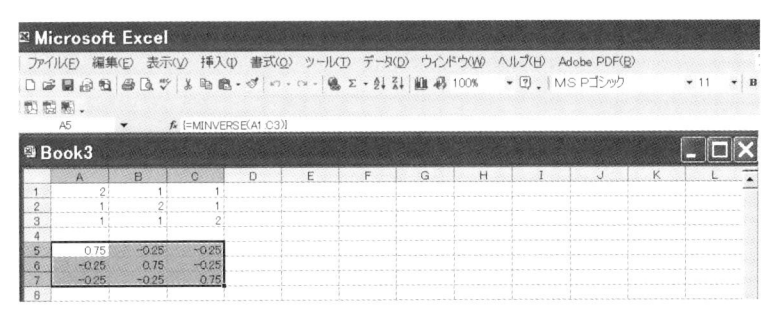

図 15

【演習 5】　次の行列式を求めよう．

(1) $\begin{vmatrix} 101 & 102 & 103 & 104 \\ 105 & 106 & 107 & 108 \\ 109 & 110 & 111 & 112 \\ 113 & 114 & 115 & 116 \end{vmatrix}$

(2) $\begin{vmatrix} 1 & 1 & 1 & 1 & 5 \\ 1 & 1 & 1 & 5 & 1 \\ 1 & 1 & 5 & 1 & 1 \\ 1 & 5 & 1 & 1 & 1 \\ 5 & 1 & 1 & 1 & 1 \end{vmatrix}$

A.4　Excel で連立 1 次方程式

IV A　連立 1 次方程式

$$\begin{cases} x + y + z = 6 \\ x + 2y + z = 8 \\ x + y + 3z = 12 \end{cases}$$

を，クラメルの公式の代わりに，Excel の便利な機能を使って求めよう．

(1) A1 - C3 を利用して係数行列 $A = \begin{bmatrix} 1 & 1 & 1 \\ 1 & 2 & 1 \\ 1 & 1 & 3 \end{bmatrix}$ を，D1 - D3 を利用して $b = \begin{bmatrix} 6 \\ 8 \\ 12 \end{bmatrix}$ を作ろう．

(2) 係数行列 A の逆行列を A5 - C7 に作ろう (Excel **III B**)．

(3) $A^{-1}b$ が答えであることに注意し，答えの場所として A9 - A11 をドラッグしよう．

(4) ツールバーの関数貼り付け f_x をクリックして，関数の分類から「数学/三角」を，関数名から「MMULT」を選ぼう．

(5) 配列 1 に A^{-1} の場所 A5 - C7 をドラッグし，配列 2 に b の場所 D1 - D3 をドラッグしよう．

(6) 「Shift + Ctrl + Enter」を実行しよう．

(7) A9 - A11 が答え (図 **16**)．

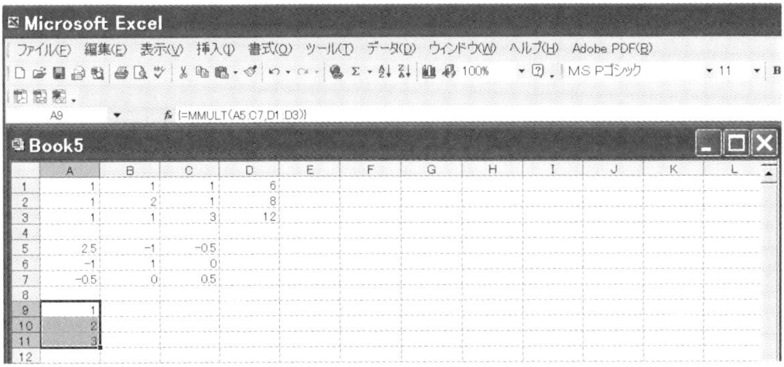

A.4 Excelで連立1次方程式

図 16

IV B 連立1次方程式

$$\begin{cases} x + 2y + 3z = 4 \\ 5x + 6y + 7z = 8 \\ 9x + 10y + 11z = 12 \end{cases}$$

を，Excel の便利な機能を使って，掃き出し法で求めよう．

(1) A1 - C3 を利用して係数行列 $A = \begin{bmatrix} 1 & 2 & 3 \\ 5 & 6 & 7 \\ 9 & 10 & 11 \end{bmatrix}$ を，D1 - D3 を利用して $b = \begin{bmatrix} 4 \\ 8 \\ 12 \end{bmatrix}$ を作ろう．

(2) 係数行列 A の行列式が 0 であることを確認しよう (Excel **II A**).
(3) A4 - D4 に A1 - D1 をコピーして貼り付けよう (Excel **I A**).
(4) A5 - D5 に「A2-D2 − A2 * A1-D1」を計算しよう (Excel **I A**).
(5) A6 - D6 に「A3-D3 − A3 * A1-D1」を計算しよう (Excel **I A**).
(6) A8 - D8 に「A5-D5 / B5」を計算しよう (Excel **I A**).
(7) A7 - D7 に「A4-D4 − B4 * A8-D8」を計算しよう (Excel **I A**).
(8) A9 - D9 に「A6-D6 − B6 * A8-D8」を計算しよう (図 **17**) (Excel **I A**).

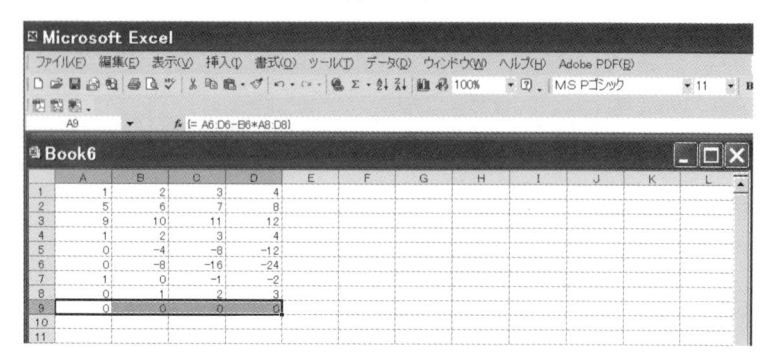

図 17

連立 1 次方程式は

$$\begin{cases} x & - & z & = & -2 \\ & y & + & 2z & = & 3 \\ & & & 0 & = & 0 \end{cases}$$

と変形されている．これから，

$$\begin{bmatrix} x \\ y \\ z \end{bmatrix} = \begin{bmatrix} z-2 \\ -2z+3 \\ z \end{bmatrix}$$

$$= z \begin{bmatrix} 1 \\ -2 \\ 1 \end{bmatrix} + \begin{bmatrix} -2 \\ 3 \\ 0 \end{bmatrix}$$

【演習 6】 例題 7.3 (p.104) を Excel を利用して解いてみよう．

A.5　Excel で掃き出し法

V A　ベクトル

$$a_1 = \begin{bmatrix} 1 \\ 2 \\ 3 \\ 4 \end{bmatrix}, \quad a_2 = \begin{bmatrix} 5 \\ 6 \\ 7 \\ 8 \end{bmatrix}, \quad a_3 = \begin{bmatrix} 9 \\ 10 \\ 11 \\ 12 \end{bmatrix}, \quad a_1 = \begin{bmatrix} 13 \\ 14 \\ 15 \\ 16 \end{bmatrix}$$

で生成される部分空間の基底と次元を，Excel の便利な機能を使って求めよう．

(1) A1 - A4, B1 - B4, C1 - C4, D1 - D4 にベクトル a_1, a_2, a_3, a_4 を作ろう．

(2) 係数行列 A の行列式が 0 であることを確認しよう (Excel **II A**).

(3) A5 - D5 に A1 - D1 をコピーしよう (Excel **I A**).

(4) A6 - D6 に「A2-D2 − A2 * A5-D5」を計算しよう (図 **18**) (Excel **I A**).

(5) A7 - D7 に「A3-D3 − A3 * A5-D5」を計算しよう (Excel **I A**).

(6) A8 - D8 に「A4-D4 − A4 * A5-D5」を計算しよう (Excel **I A**).

(7) A10 - D10 に「A6-D6/ B6」を計算しよう (Excel **I A**).

(8) A9 - D9 に「A5-D5 − B5 * A10-D10」を計算しよう (Excel **I A**).

(9) A11 - D11 に「A7-D7 − B7 * A10-D10」を計算しよう (Excel **I A**).

(10) A12 - D12 に「A8-D8 − B8 * A10-D10」を計算しよう (図 **19**) (Excel **I A**).

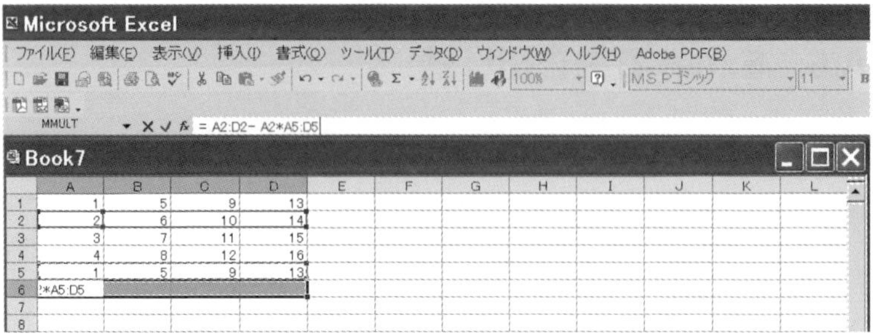

図 18

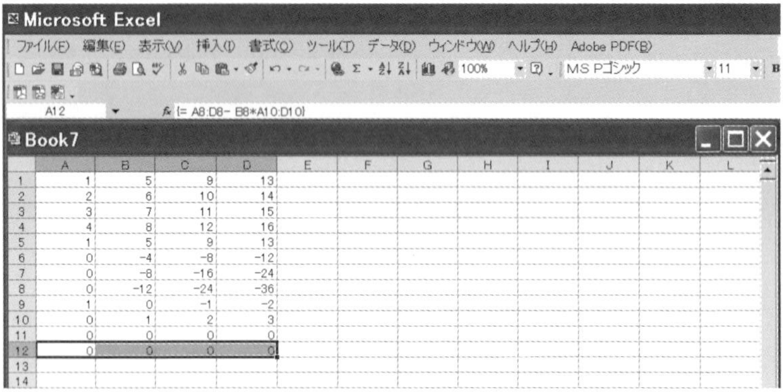

図 19

すると，$a_3 = (-1)a_1 + 2a_2$, $a_4 = (-2)a_1 + 3a_2$ であることがわかる．a_1, a_2 は一次独立であるから，これらが求める部分空間の基底を作り，次元は 2 であることが示される．

【演習 7】 問題 8.8 を Excel を利用して解いてみよう．

A.6　Excelでグラム-シュミットの直交化法

VI A　ベクトル

$$a_1 = \begin{bmatrix} 1 \\ 1 \\ 1 \end{bmatrix}, \quad a_2 = \begin{bmatrix} 0 \\ 1 \\ 1 \end{bmatrix}, \quad a_3 = \begin{bmatrix} 0 \\ 0 \\ 1 \end{bmatrix}$$

から，グラム-シュミットの直交化法によって，正規直交系を作ろう．

(1)　A1 - A3, B1 - B3, C1 - C3 にベクトル a_1, a_2, a_3 を作ろう．

(2)　係数行列 A の行列式が 0 でないことを確認しよう (Excel **II A**)．

(3)　a_1 の転置を作る場所として，A4 - C4 をドラッグし，ツールバー f_x ⇒「検索/行列」⇒「TRANSPOSE」⇒「OK」を選び，A1 - A3 をドラッグし，$\boxed{\text{Shift}}$ + $\boxed{\text{Ctrl}}$ + $\boxed{\text{Enter}}$ を実行しよう．

(4)　D4 に A4 - C4 と A1 - A3 の積を計算しておこう (Excel **I A**)．

(5)　A5 - A7 で「A1-A3/SQRT(D4)」を計算し (図 **20**)，e_1 としよう (Excel **I A**)．

(6)　a_2 の転置の場所として，A8 - C8 をドラッグし，ツールバー f_x ⇒「検索/行列」⇒「TRANSPOSE」⇒「OK」を選び，B1 - B3 をドラッグし，$\boxed{\text{Shift}}$ + $\boxed{\text{Ctrl}}$ + $\boxed{\text{Enter}}$ を実行しよう．

(7)　D8 に A8 - C8 と A5 - A7 の積を計算しておこう (Excel **I A**)．

(8)　A9 - A11 で「B1-B3 − D8 * A5-A7」を計算し，b_2 としよう (Excel **I A**)．

(9)　b_2 の転置の場所として，A12 - C12 をドラッグし，ツールバー f_x ⇒「検索/行列」⇒「TRANSPOSE」⇒「OK」を選び，A9 - A11 をドラッグし，$\boxed{\text{Shift}}$ + $\boxed{\text{Ctrl}}$ + $\boxed{\text{Enter}}$ を実行しよう．

(10)　D12 に A12 - C12 と A9 - A11 の積を計算しよう (Excel **I A**)．

(11) A13 - A15 で「A9 - A11/SQRT(D12)」を計算し, e_2 としよう (Excel I A).

(12) a_3 の転置の場所として, A16 - C16 をドラッグし, ツールバー f_x ⇒「検索/行列」⇒「TRANSPOSE」⇒「OK」を選び, C1 - C3 をドラッグし, |Shift| + |Ctrl| + |Enter| を実行しよう.

(13) D16 に A16 - C16 と A5 - A7 の積を計算し, E16 に A16 - C16 と A13 - A15 の積を計算しておこう (Excel I A).

(14) A17 - A19 で「C1-C3 − D16 * A5-A7 − E16 * A13-A15」を計算し, b_3 としよう (Excel I A).

(15) b_3 の転置の場所として, A20 - C20 をドラッグし, ツールバー f_x ⇒「検索/行列」⇒「TRANSPOSE」⇒「OK」を選び, A17 - A19 をドラッグし, |Shift| + |Ctrl| + |Enter| を実行しよう.

(16) D20 に A20 - C20 と A17 - A19 の積を計算しておこう (Excel I A).

(17) A21 - A23 で「A17 - A19/SQRT(D20)」を計算し, e_3 としよう (図 21) (Excel I A).

e_1, e_2, e_3 が求める正規直交系である (例題 9.5 (p.151)).

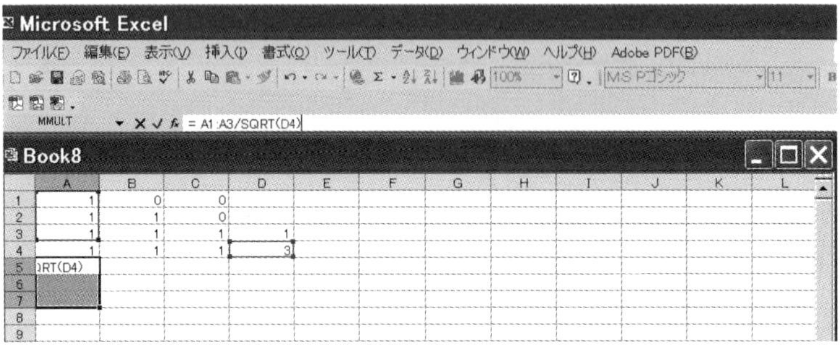

図 20

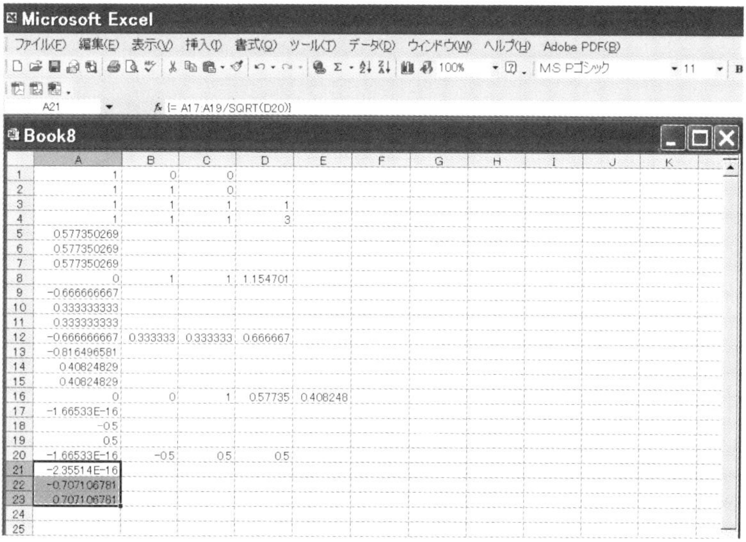

	A	B	C	D	E
1	1	0	0		
2	1	1	0		
3	1	1	1	1	
4	1	1	1	3	
5	0.577350269				
6	0.577350269				
7	0.577350269				
8	0	1	1	1.154701	
9	−0.666666667				
10	0.333333333				
11	0.333333333				
12	−0.666666667	0.333333	0.333333	0.666667	
13	−0.816496581				
14	0.40824829				
15	0.40824829				
16	0	0	1	0.57735	0.408248
17	−1.66533E−16				
18	−0.5				
19	0.5				
20	−1.66533E−16	−0.5	0.5	0.5	
21	−2.35514E−16				
22	−0.707106781				
23	0.707106781				
24					
25					

図 **21**

【**演習 8**】 例題 9.5 を Excel を利用して解いてみよう．

索引

あ行

一次結合　124
1 対 1　135
1 葉双曲面　173
上三角行列　44, 161

か行

階数　110
外積 (×)　52
核　132
拡大係数行列　94
基底　128
逆行列　88
行　27
行ベクトル　41
行ベクトル表示　41
共役複素数　23
行列　27
行列式　52
行列式の行による展開　84
行列式の展開　61, 69
行列式の転置　49
行列式の列による展開　84
行列の基本変形　99
行列の積　33
行列の積の行列式　85
行列の相等　29
行列の和　29
行列表示　93
極形式　23
虚数　21
虚数単位　21
空間ベクトル　8
空間ベクトルの内積　9

さ行

空集合　121
グラム-シュミットの直交化法　149
クラメルの公式　65, 100
クロネッカーの記号　28
係数行列　93
結合法則　29, 35
交換法則　29
固有空間　143
固有値　137
固有ベクトル　137
固有方程式　137

さ行

座標軸の回転　167
サラスの方法　46, 62
3 次の行列式　55
次元　128
下三角行列　161
始点　1, 8
写像　123
集合　121
集合の相等　121
終点　1, 8
順列　79
順列の符号　79
小行列式　110
垂線の長さ　13
数と行列の積　29
数とベクトルの積　9
正規直交系　149
正則　87
正値　178
成分表示　8
正方行列　27
絶対値　4, 9, 23

線形写像　130

像　132
双曲線　169
双曲柱面　173

た行

対角化可能　136
対角行列　28
対角成分　28
対称行列　153
楕円　169
楕円柱面　173
楕円面　173
単位行列　28

直線のパラメータ表示　6, 15
直線のベクトル表示　6
直線の方程式　15
直交行列　149

転置行列　28
転倒数　79

ド・モアブルの公式　24
同値　95

な行

内積 (・)　4
内積の交換可能性　4
内積の成分表示　5, 10

2 次曲線　169
2 次曲面　173
2 次形式　166
2 次形式の行列表示　166, 172
2 次形式の標準形　173
2 次の行列式　46
2 葉双曲面　173

は　行

掃き出し法　95
ピボット　98
表現行列　130
複素数　21
複素数の差　22
複素数の商　22
複素数の積　22
複素数の相等　21
複素数の和　22
符号　79
部分空間　124
部分集合　121
分配法則　29, 35
平面の法線ベクトル　13
平面のベクトル表示　11
平面の方程式　11
ベクトル　1
ベクトルによって生成された部分空間　124
ベクトルの差　2
ベクトルの成分表示　3
ベクトルの積　2

ベクトルの相等　1
ベクトルの長さ　4, 9
ベクトルの和　1, 9
偏角　23

や　行

要素　121

ら　行

ランク　110
零行列　27
零ベクトル　1, 8
列　27
列ベクトル　41
列ベクトル表示　41

欧　字

A^{-1} (A の逆行列)　88
A_{ij}　83
a_{ij}　68
$|A|$ (A の行列式)　85
$\tilde{A}$ (A の余因子行列)　87
${}^t A$ (A の転置行列)　28

C (複素数の全体)　124
$\dim V$ (V の次元)　128
E (単位行列)　28
$\varepsilon(\sigma)$ (順列 σ の符号)　79
$\emptyset$ (空集合)　121
$\mathrm{Im}\, T$ (T の像)　132
(i, j) 余因子　83
(i, j) 成分　27, 68
(i, j) 要素　27, 68
K ($\boldsymbol{R}$ または $\boldsymbol{C}$)　124
$\mathrm{Ker}\, T$ (T の核)　132
K^n (n 次元空間)　124
$m \times n$ 行列　27
n 次正方行列　27
n 次の行列式　68
O (零行列)　27
R (実数の全体)　124
$\mathrm{rank}\, A$ (A のランク)　110
$S(n)$ (n 次の順列の全体)　79

著者略歴

水田義弘
(みずた よしひろ)

1970年 広島大学理学部数学科卒業
現　在　広島工業大学教授
　　　　広島大学名誉教授　理学博士

主要著書

Potential theory in Euclidean spaces（学校図書, 1996）
入門 微分積分（サイエンス社, 1996）
理工系 線形代数（サイエンス社, 1997）
詳解演習 微分積分（サイエンス社, 1998）
実解析入門（培風館, 1999）
詳解演習 線形代数（サイエンス社, 2000）
大学で学ぶ やさしい微分積分（サイエンス社, 2002）

数学基礎コース＝S 別巻2

大学で学ぶ
やさしい 線形代数

2006年10月25日 ⓒ	初版発行
2017年 2月10日	初版第5刷発行

著　者　水田義弘	発行者　森平敏孝
	印刷者　杉井康之
	製本者　小高祥弘

発行所　株式会社　サイエンス社

〒151-0051　東京都渋谷区千駄ヶ谷1丁目3番25号
営業　☎(03) 5474-8500（代）　振替 00170-7-2387
編集　☎(03) 5474-8600（代）
FAX　☎(03) 5474-8900

印刷　（株）ディグ　　製本　小高製本工業（株）

《検印省略》

本書の内容を無断で複写複製することは、著作者および出版者の権利を侵害することがありますので、その場合にはあらかじめ小社あて許諾をお求め下さい。

ISBN4-7819-1147-1

PRINTED IN JAPAN

サイエンス社のホームページのご案内
http://www.saiensu.co.jp
ご意見・ご要望は
rikei@saiensu.co.jp　まで.